수학 좀 한다면

디딤돌 연산은 수학이다 5A

펴낸날 [초판 1쇄] 2024년 5월 3일
펴낸이 이기열
펴낸곳 (주)디딤돌 교육
주소 (03972) 서울특별시 마포구 월드컵북로 122 청원선와이즈타워
대표전화 02-3142-9000
구입문의 02-322-8451
내용문의 02-323-9166
팩시밀리 02-338-3231
홈페이지 www.didimdol.co.kr
등록번호 제10-718호
구입한 후에는 철회되지 않으며 잘못 인쇄된 책은 바꾸어 드립니다.

수학을 품은 연산 5A

디딤돌
연산은
수학이다.

디딤돌

수학적 의미에 따른 연산의 분류

같아 보이지만 완전히 다릅니다!

1. 입체적 학습의 흐름

연산은 수학적 개념을 바탕으로 합니다.
따라서 단순 계산 문제를 반복하는 것이 아니라 원리를 이해하고, 계산 방법을 익히고,
수학적 법칙을 경험해 볼 수 있는 문제를 다양하게 접할 수 있어야 합니다.
연산을 다양한 각도에서 생각해 볼 수 있는 문제들로 계산력을 뛰어넘는 수학 실력을 길러 주세요.

연산

혼합 계산의 성질 ▸ 계산 순서
01 계산 순서 나타내기

혼합 계산의 성질 ▸ 계산 순서
02 순서에 따라 계산하기

본 학습에 들어가기 전에 필요한 도움닫기 문제입니다.
이전에 배운 내용과 연계하거나 단계를 주어 계산 원리를
쉽게 이해할 수 있도록 하였습니다.

혼합 계산의 성질 ▸ 계산 순서
03 순서를 표시하고 계산하기

혼합 계산의 원리 ▸ 계산 방법 이해
04 기호를 바꾸어 계산하기

가장 기본적인 계산 문제입니다.
본 학습의 계산 원리를 익힐 수 있도록
충분히 연습합니다.

기존 연산책의 학습 범위

혼합 계산의 원리 ▸ 계산 원리 이해
06 계산하지 않고 크기 비교하기

혼합 계산의 원리 ▸ 계산 원리 이해
07 지워서 계산하기

연산의 원리, 성질들을 느끼고 활용해 보는 문제입니다.
하나의 연산 원리를 다양한 관점에서 생각해 보고
수학의 개념과 법칙을 이해합니다.

혼합 계산의 활용 ▸ 혼합 계산의 적용
09 수직선 완성하기

혼합 계산의 감각 ▸ 수의 조작
10 0이 되는 식 만들기

연산의 원리를 바탕으로 수를 다양하게 조작해 보고
추론하여 해결하는 문제입니다. 앞서 학습한 연산의 원리,
성질들을 이용하여 사고력과 수 감각을 기릅니다.

수학

2. 입체적 학습의 구성

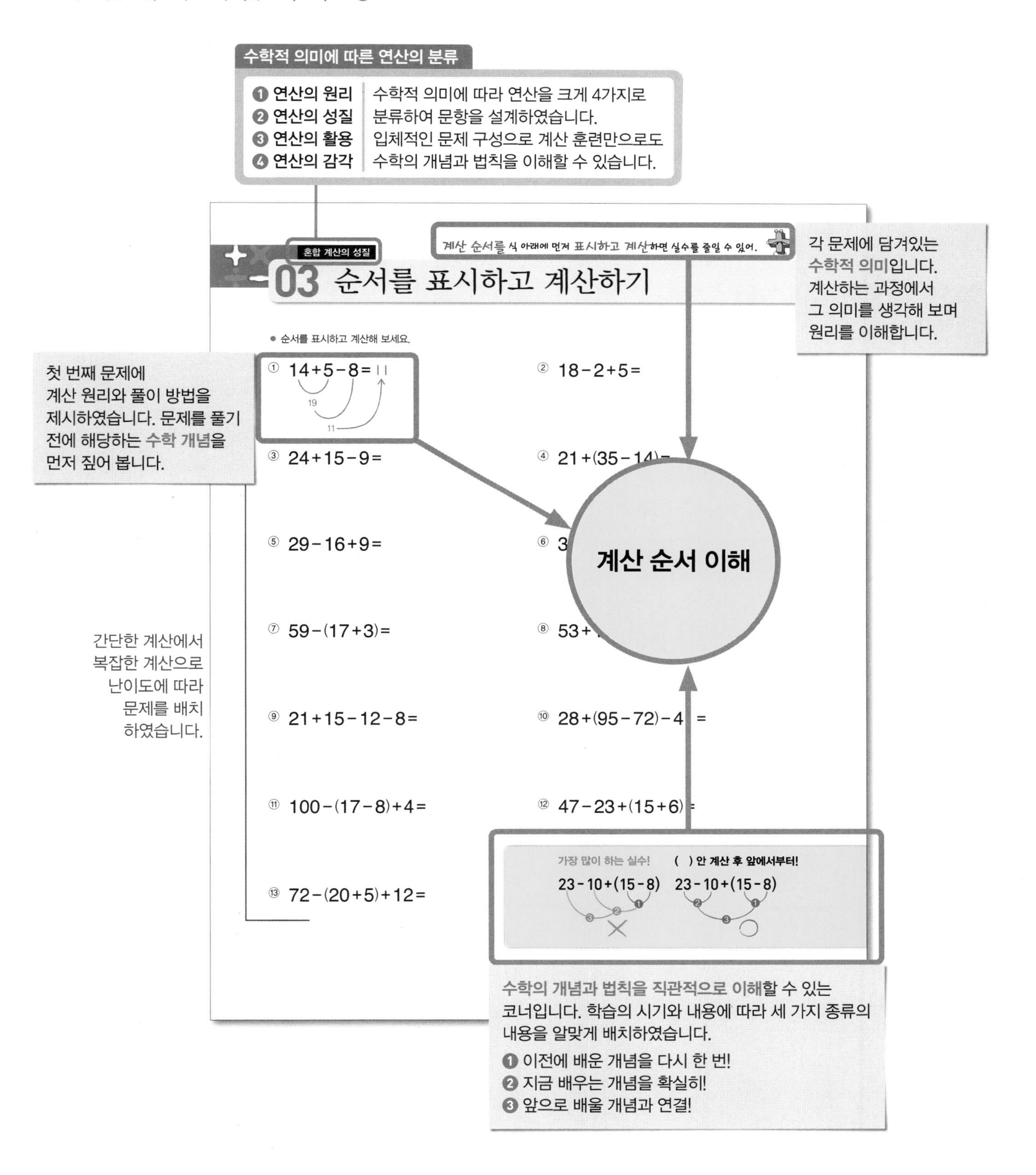

수학적 의미에 따른 연산의 분류
❶ 연산의 원리
❷ 연산의 성질
❸ 연산의 활용
❹ 연산의 감각
수학적 의미에 따라 연산을 크게 4가지로 분류하여 문항을 설계하였습니다. 입체적인 문제 구성으로 계산 훈련만으로도 수학의 개념과 법칙을 이해할 수 있습니다.
혼합 계산의 성질
계산 순서를 식 아래에 먼저 표시하고 계산하면 실수를 줄일 수 있어.
03 순서를 표시하고 계산하기
각 문제에 담겨있는 수학적 의미입니다. 계산하는 과정에서 그 의미를 생각해 보며 원리를 이해합니다.
● 순서를 표시하고 계산해 보세요.
첫 번째 문제에 계산 원리와 풀이 방법을 제시하였습니다. 문제를 풀기 전에 해당하는 수학 개념을 먼저 짚어 봅니다.
① 14+5−8=11
19
11
② 18−2+5=
③ 24+15−9=
④ 21+(35−14)=
⑤ 29−16+9=
계산 순서 이해
간단한 계산에서 복잡한 계산으로 난이도에 따라 문제를 배치하였습니다.
⑦ 59−(17+3)=
⑨ 21+15−12−8=
⑩ 28+(95−72)−4 =
⑪ 100−(17−8)+4=
⑫ 47−23+(15+6)=
⑬ 72−(20+5)+12=
가장 많이 하는 실수!
( ) 안 계산 후 앞에서부터!
23-10+(15-8)
23-10+(15-8)
수학의 개념과 법칙을 직관적으로 이해할 수 있는 코너입니다. 학습의 시기와 내용에 따라 세 가지 종류의 내용을 알맞게 배치하였습니다.
❶ 이전에 배운 개념을 다시 한 번!
❷ 지금 배우는 개념을 확실히!
❸ 앞으로 배울 개념과 연결!

1 덧셈과 뺄셈의 혼합 계산

앞에서부터 차례로, (   )가 있으면 (   ) 안을 먼저 계산해.

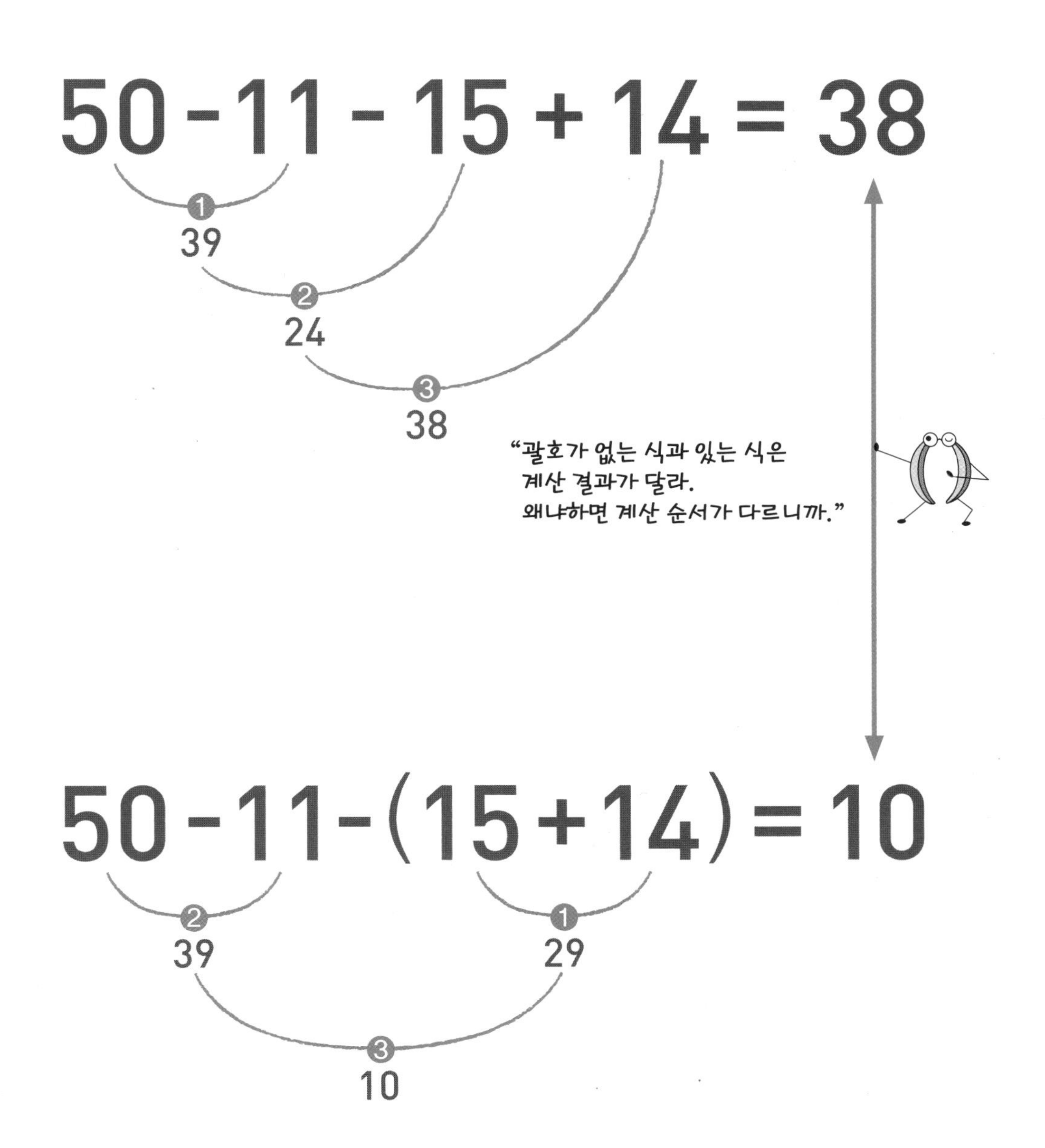

앞에서부터 차례로 계산하고 ( )가 있으면 ( ) 안을 먼저 계산해.

01 계산 순서 나타내기

● 계산 순서를 나타내 보세요.

① 19－6＋5

덧셈과 뺄셈이 섞여 있는 식에서는 앞에서부터 차례로 계산해요.

② 19－(6＋5)

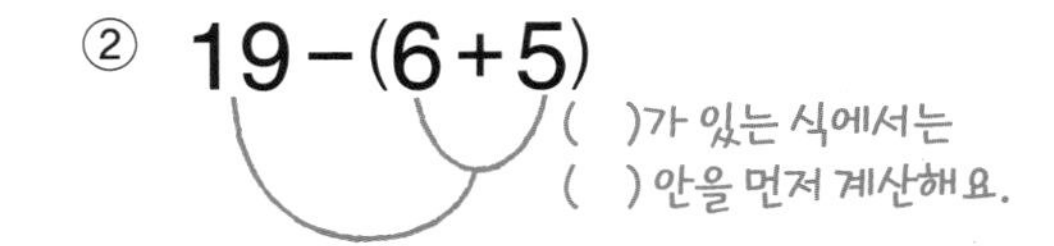

③ 14－9＋5

④ 14＋15－8

⑤ 22＋14－25

⑥ 22＋(14－5)

⑦ 17－(4＋5)

⑧ 18－(3＋9)

⑨ 21＋(10－7)

⑩ 24－(5＋6)

⑪ 28－(30－20)

⑫ 29－(19－3)

계산한 값을 순서에 따라 써 봐.

02 순서에 따라 계산하기

● 순서에 따라 계산해 보세요.

① 28 − 8 + 9 = 29

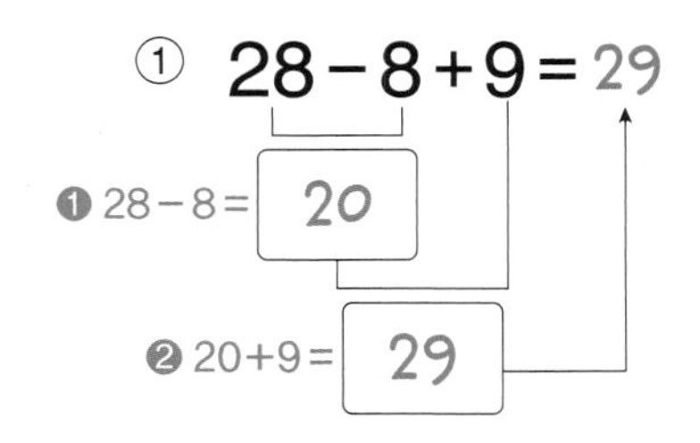

② 15 − 10 + 5 =

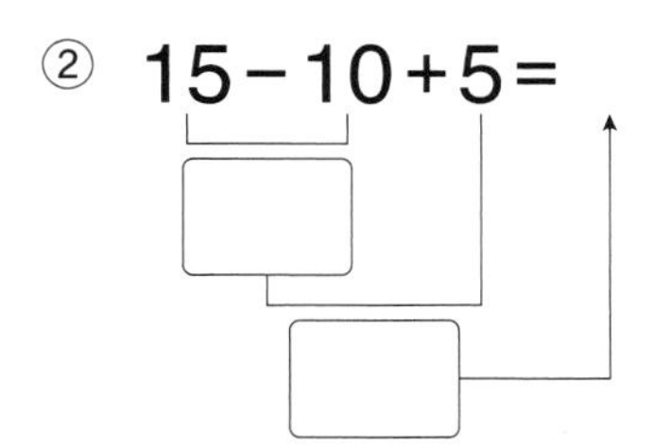

③ 25 − 8 + 7 =

④ 14 + 5 − 6 =

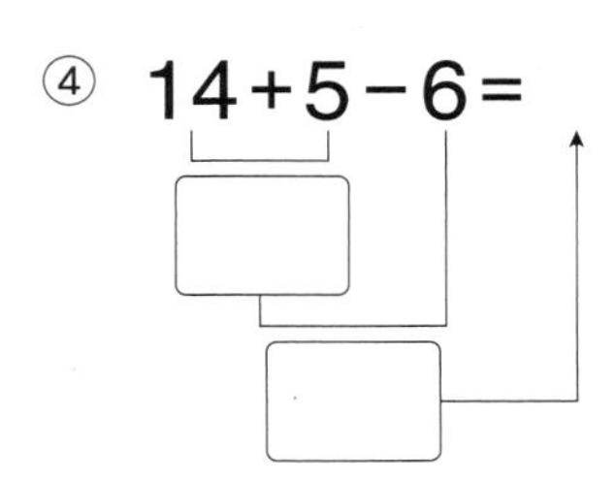

⑤ 26 + 4 − 15 =

⑥ 28 + 9 − 11 =

⑦ 13 + (25 − 4) =

⑧ 21 − 15 + 17 =

⑨ 35 + (21 − 9) =

⑩ 39 − (13 + 7) =

계산한 값을 순서에 따라 써 봐. 

⑪ $57-(30-19)=$

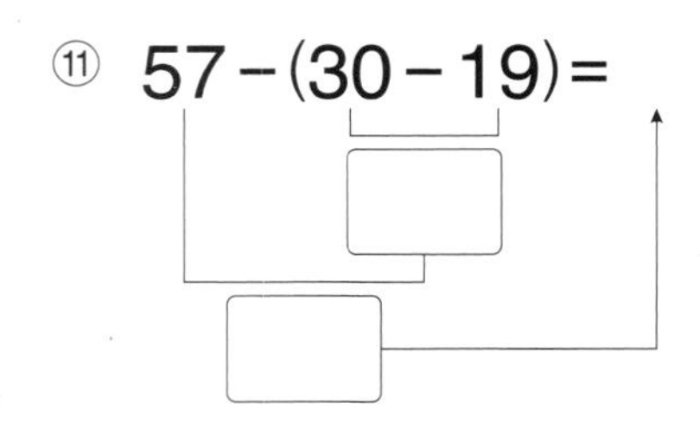

⑫ $12+12+15-8=$

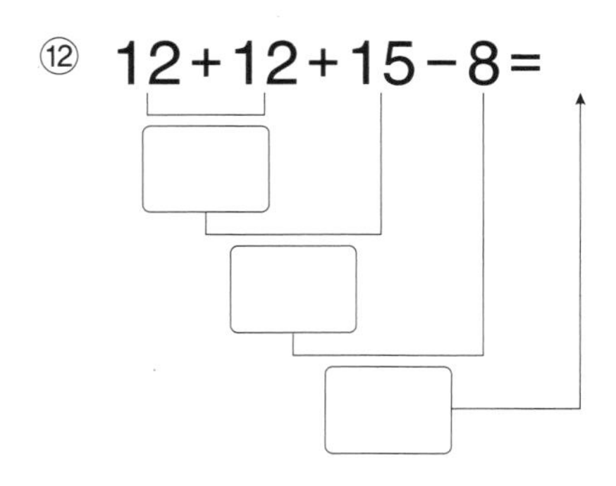

⑬ $23+(5+6)-12=$

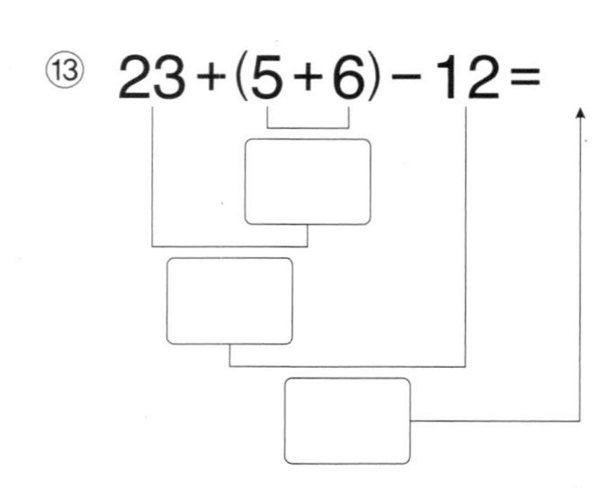

⑭ $57-11-9+7=$

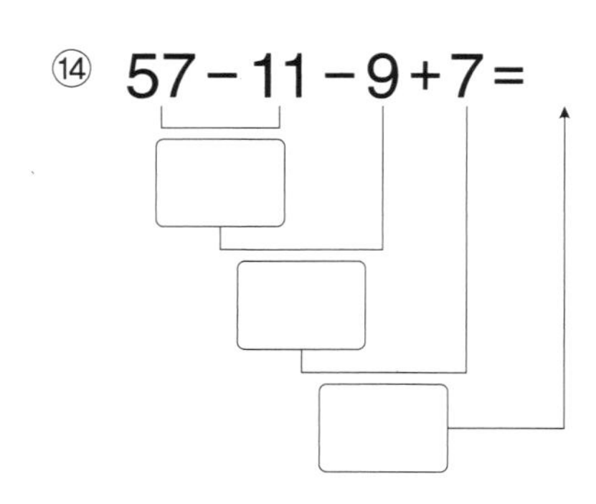

⑮ $27+13-15-11=$

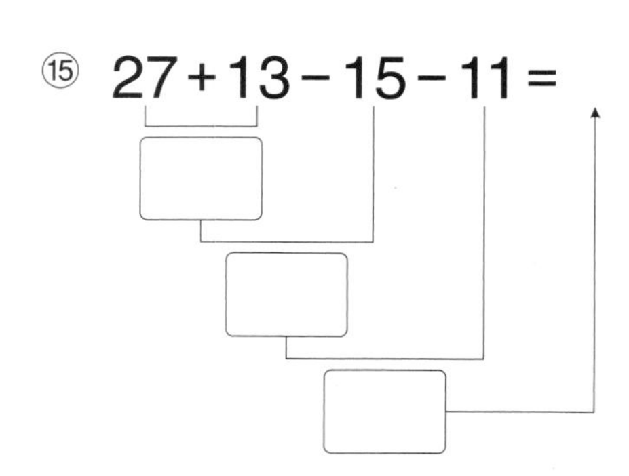

⑯ $48-(11+11)+4=$

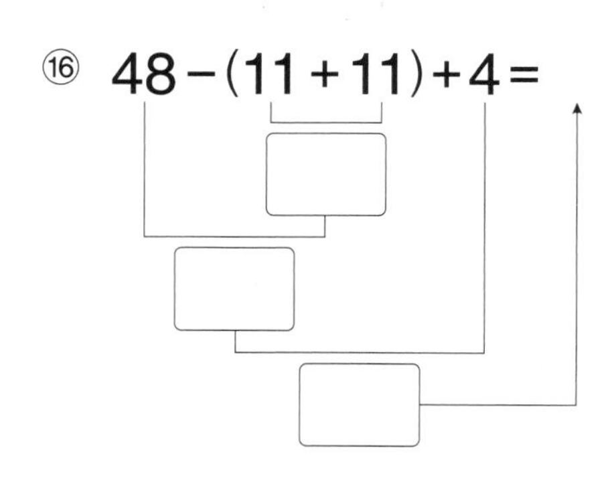

⑰ $51-(22+8+13)=$

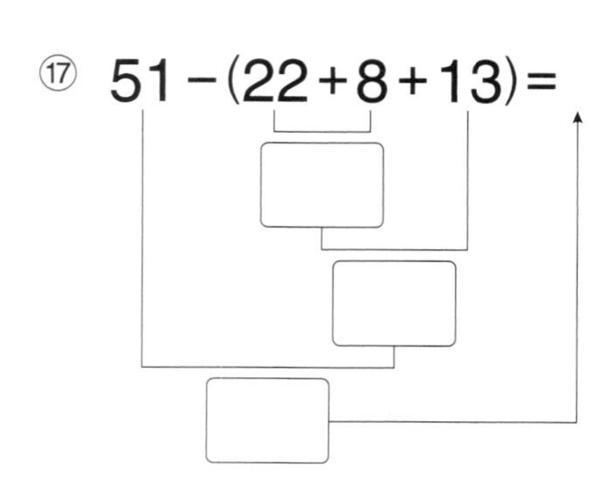

⑱ $93-(38-15-5)=$

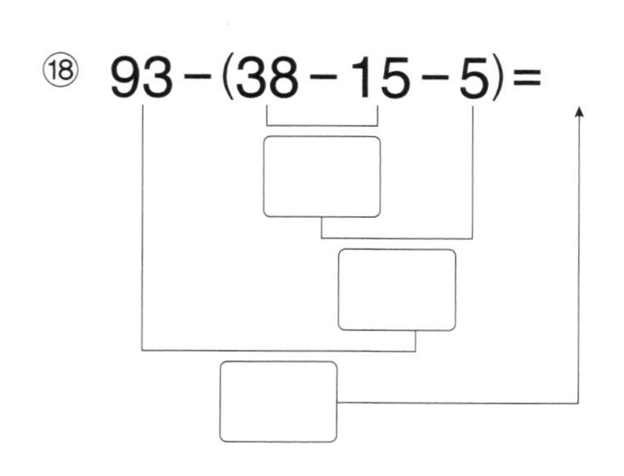

계산 순서를 식 아래에 먼저 표시하고 계산하면 실수를 줄일 수 있어.

03 순서를 표시하고 계산하기

● 순서를 표시하고 계산해 보세요.

① $14+5-8=$ 11

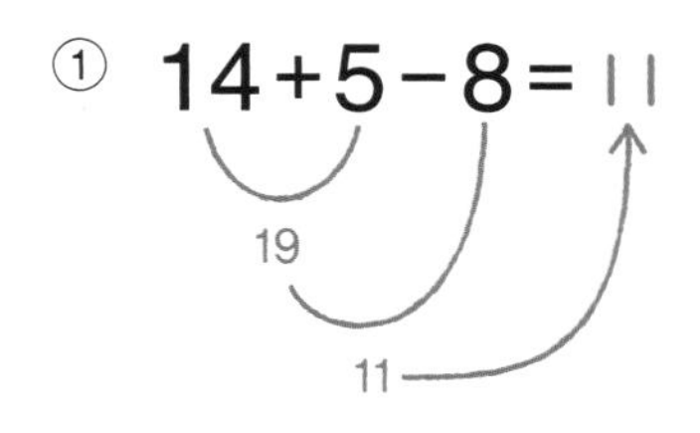

② $18-2+5=$

③ $24+15-9=$

④ $21+(35-14)=$

⑤ $29-16+9=$

⑥ $30+(45-11)=$

⑦ $59-(17+3)=$

⑧ $53+17-19=$

⑨ $48-17-8=$

⑩ $39-(27-15)=$

⑪ $38-(19+16)=$

⑫ $45-(85-41)=$

계산 순서를 식 아래에 먼저 표시하고 계산하면 실수를 줄일 수 있어.

⑬ $12+13-10+7=$

⑭ $18+22-12-8=$

⑮ $15+12-17+8=$

⑯ $56-11+18-24=$

⑰ $21+15-12-8=$

⑱ $28+(95-72)-41=$

⑲ $100-(17-8)+4=$

⑳ $47-23+(15+6)=$

㉑ $72-(20+5)+12=$

㉒ $100-83+17-9=$

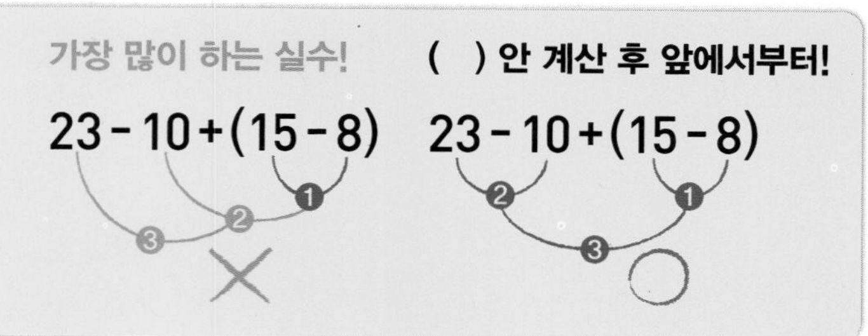
가장 많이 하는 실수!
( ) 안 계산 후 앞에서부터!
23 - 10 + (15 - 8)
23 - 10 + (15 - 8)

㉓ $44+(78-23-5)=$

혼합 계산의 원리

같은 수로 된 세 식에서 연산 기호만 바뀌면 계산 결과는 어떻게 달라질까?

04 기호를 바꾸어 계산하기

● 계산해 보세요.

① $15+2-3=$ 14
$15-2+3=$ 16
$15-2-3=$ 10

작은 수를 뺀 쪽이 계산 결과가 더 커요.
빼는 수가 많아지면 계산 결과가 작아져요.

② $14+3-4=$
$14-3+4=$
$14-3-4=$

③ $21+9-5=$
$21-9+5=$
$21-9-5=$

④ $19+7-8=$
$19-7+8=$
$19-7-8=$

⑤ $30+5-11=$
$30-5+11=$
$30-5-11=$

같은 수를 더하고 빼면 0이에요.

⑥ $32+16-16=$
$32-16+16=$
$32-16-16=$

⑦ $24+12-6=$
$24-12+6=$
$24-12-6=$

⑧ $27+7-10=$
$27-7+10=$
$27-7-10=$

⑨ $35+15-5=$
$35-15+5=$
$35-15-5=$

⑩ $45+7-12=$
$45-7+12=$
$45-7-12=$

( )에 따라 계산 결과가 달라질 수도 있어.

05 괄호를 넣어 비교하기

● ( )가 없을 때와 있을 때를 계산하여 결과를 비교해 보세요.

① $14-5+2=$ 9+2=11
앞에서부터 차례로 계산해요.
$14-(5+2)=$ 14−7=7
( ) 안을 먼저 계산해요.
계산 결과가 달라요.

② $3+12-9=$

$3+(12-9)=$

③ $31-12-7=$

$31-(12-7)=$

④ $47-5+13=$

$47-(5+13)=$

⑤ $28-19-2=$

$28-(19-2)=$

⑥ $56-6+10=$

$56-(6+10)=$

⑦ $70+13-8=$

$70+(13-8)=$

⑧ $33-3+12=$

$33-(3+12)=$

⑨ $45-18-3=$

$45-(18-3)=$

⑩ $34-25+5=$

$34-(25+5)=$

⑪ $77-7+16=$

$77-(7+16)=$

⑫ $3+51-23=$

$3+(51-23)=$

더하거나 빼는 수의 크기만 비교해 봐도 알 수 있어.

06 계산하지 않고 크기 비교하기

● 계산하지 않고 크기를 비교하여 ○ 안에 >, =, <를 써 보세요.

① $15+3-4$ (<) $15-3+4$

더하는 수보다 빼는 수가 더 커요. / 빼는 수보다 더하는 수가 더 커요.

② $14+6-8$ ○ $14-6+8$

③ $13+8-5$ ○ $13-8+5$

④ $16+2-8$ ○ $16-2+8$

⑤ $20+8-12$ ○ $20-8+12$

⑥ $19+3-5$ ○ $19-3+5$

⑦ $23-4+9$ ○ $23+4-9$

⑧ $34+17-17$ ○ $34-17+17$

⑨ $32-16+16$ ○ $32+16-16$

⑩ $21+5-10$ ○ $21-5-10$

⑪ $23-10-3$ ○ $23-10+3$

⑫ $32-22+5$ ○ $32-22-5$

⑬ $26+14-7$ ○ $26-14-7$

⑭ $18+4-8$ ○ $18-4-8$

⑮ $42+21-21$ ○ $42-21-21$

⑯ $50-15-35$ ○ $50-15+35$

07 지워서 계산하기

같은 수를 더하고 빼면 0이니까 지워서 계산할 수 있어.

● 계산해서 0이 되는 두 수를 지우고 계산해 보세요.

① $14+2-2+3=$ 14+3=17
2−2=0 ❶ 0이 되는 두 수를 지워요.
❷ 남은 수를 계산해요.

② $25+7+3-7=$

③ $39-15+15+11=$

④ $36+18-15-36=$

⑤ $27-18+3+18=$

⑥ $52+23-23+16=$

⑦ $97+12-97+16=$

⑧ $62-25+25+8=$

⑨ $113-48+48+27=$

⑩ $82+40-19-82=$

⑪ $100-74+74-100=$

⑫ $49+(28+34-28)=$

같은 수를 더하고 빼면 0이 되지!

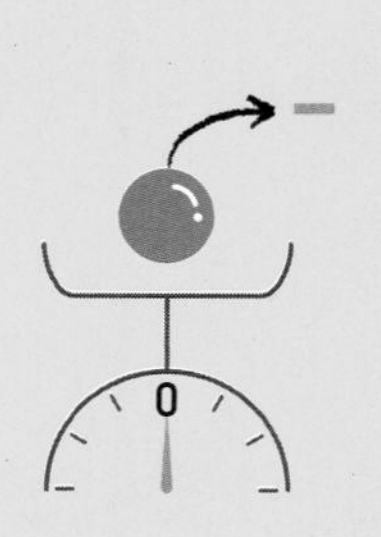

⑬ $(89-21+21)-79=$

⑭ $84-(15+23-15)=$

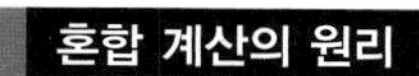

계산 과정에서 늘어나는 만큼 줄어들면 처음 수와 같아지겠지?

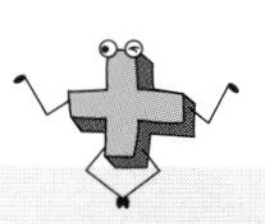

08 처음 수가 되는 계산하기

● 차례로 계산해 보세요.

① 15 —(+2)→ 17 —(−7)→ 10 —(+3)→ 13 —(+2)→ 15

덧셈을 하면 수가 커지고
뺄셈을 하면 수가 작아져요.

처음 수와 같아요.

② 21 —(+9)→ ( ) —(−4)→ ( ) —(+1)→ ( ) —(−6)→ ( )

③ 18 —(+1)→ ( ) —(−8)→ ( ) —(+3)→ ( ) —(+4)→ ( )

④ 24 —(+5)→ ( ) —(−8)→ ( ) —(+2)→ ( ) —(+1)→ ( )

⑤ 35 —(+5)→ ( ) —(−8)→ ( ) —(−7)→ ( ) —(+10)→ ( )

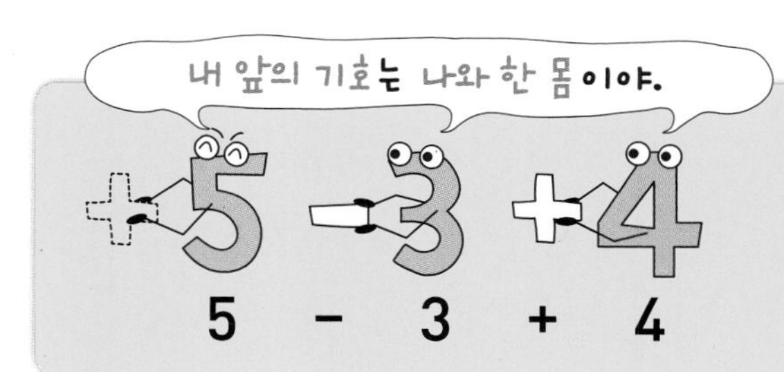

09 수직선 완성하기

수직선 전체의 길이를 먼저 생각해 봐.

● 수직선을 보고 □ 안에 알맞은 수를 써 보세요.

①

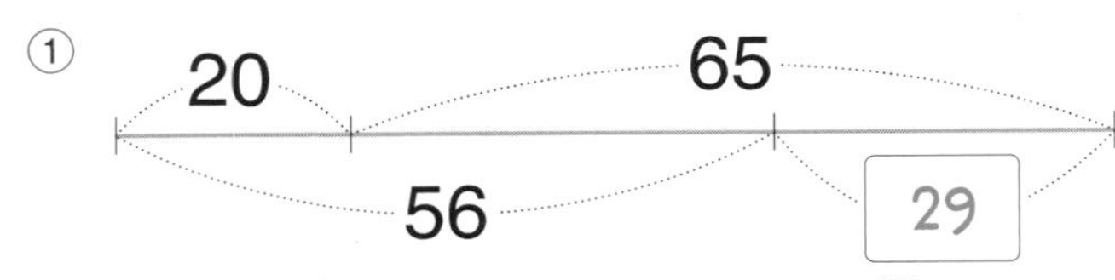

❶ 수직선 전체 길이가 같으므로 20+65=56+□예요.
❷ 85=56+□, □=85−56=29

②

③ ④

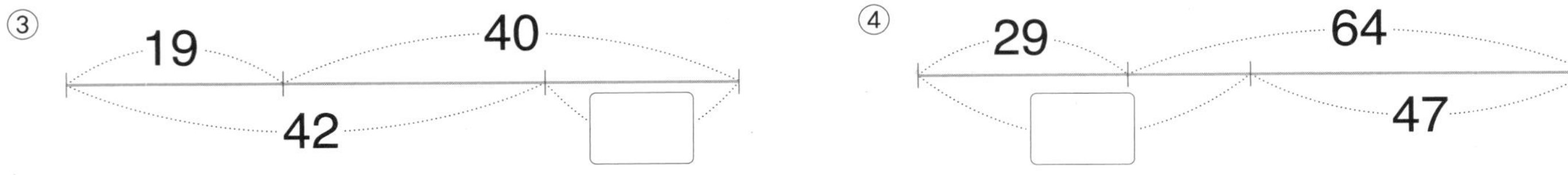

⑤ ⑥

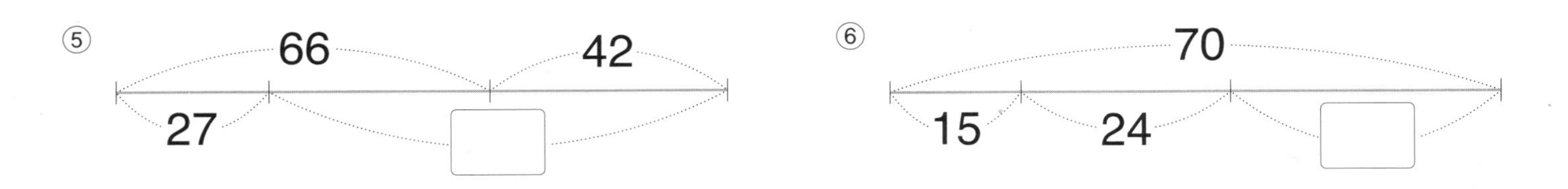

⑦ ⑧

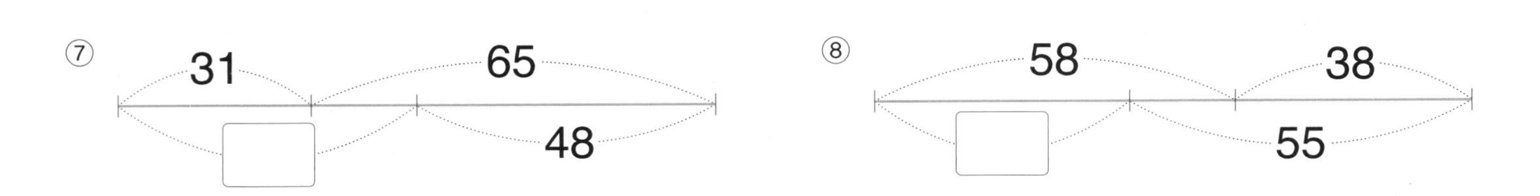

⑨ ⑩

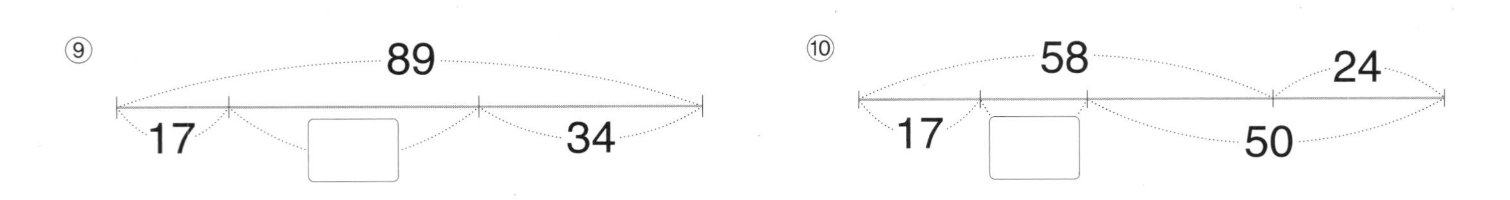

⑪ ⑫

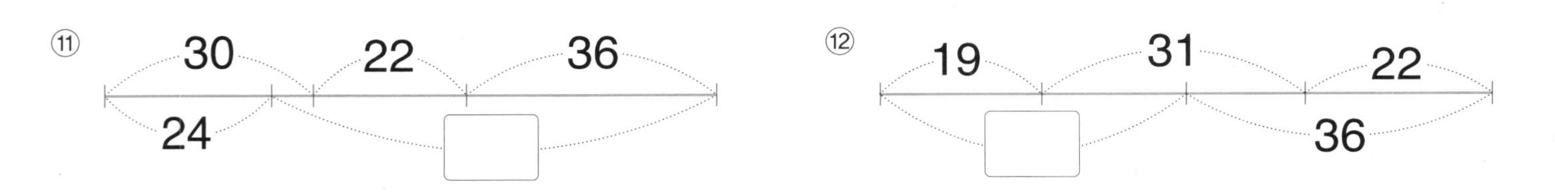

0이 되려면 모두 빼야 해.

10 0이 되는 식 만들기

● □ 안에 알맞은 수를 써 보세요.

① 15+5−[20]=0

❶ 20 ❷ 20에서 20을 빼야 0이 돼요.

② 14+3−□=0

③ 12+8−□=0

④ 17+6−□=0

⑤ 14−14+□=0

⑥ 8+□−10=0

⑦ 20−□−16=0

⑧ 9+□−19=0

⑨ 21+4−□=0

⑩ 23+2−□=0

⑪ 16+12−□=0

⑫ □+1−11=0

⑬ 20+□−25=0

⑭ □−7−3=0

⑮ □−12−8=0

⑯ □−9−13=0

곱셈과 나눗셈의 혼합 계산

앞에서부터 차례로, (   )가 있으면 (   ) 안을 먼저 계산해.

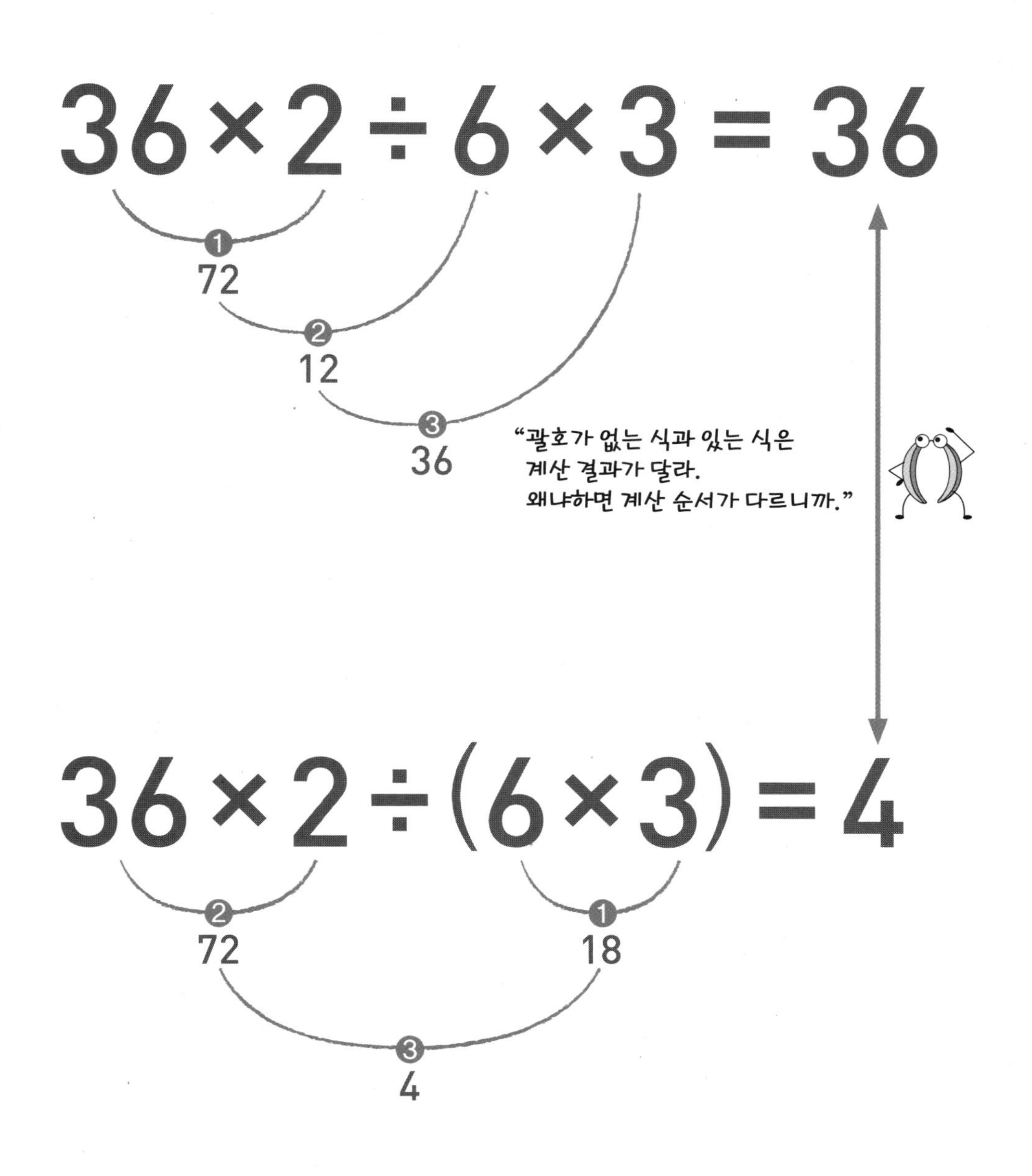

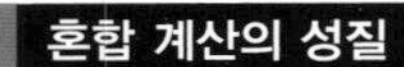

01 계산 순서 나타내기

● 계산 순서를 나타내 보세요.

① $18 \div 3 \times 4$

곱셈과 나눗셈이 섞여 있는 식에서는 앞에서부터 차례로 계산해요.

② $12 \times (8 \div 2)$

( )가 있는 식에서는 ( ) 안을 먼저 계산해요.

③ $25 \times 3 \div 5$

④ $32 \div (2 \times 4)$

⑤ $49 \div (7 \times 7)$

⑥ $18 \times 3 \div 6$

⑦ $27 \times (15 \div 5)$

⑧ $56 \div (7 \times 2)$

⑨ $14 \times (12 \div 4)$

⑩ $12 \times 3 \div 9 \times 15$

괄호 앞이 어떤 연산 기호더라도

$20 \div (2 \times 2)$

괄호는 한 덩어리로 생각해서 먼저 계산해.

⑪ $54 \div 6 \times (15 \div 5)$

02 순서에 따라 계산하기

● 순서에 따라 계산해 보세요.

① $15 \div 3 \times 6 = 30$

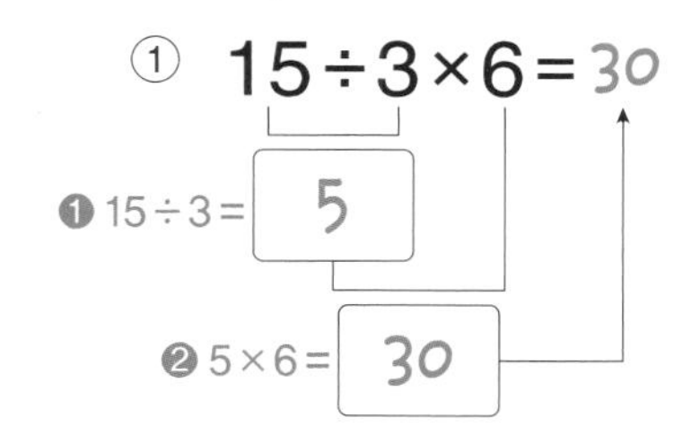

② $12 \times 6 \div 8 =$

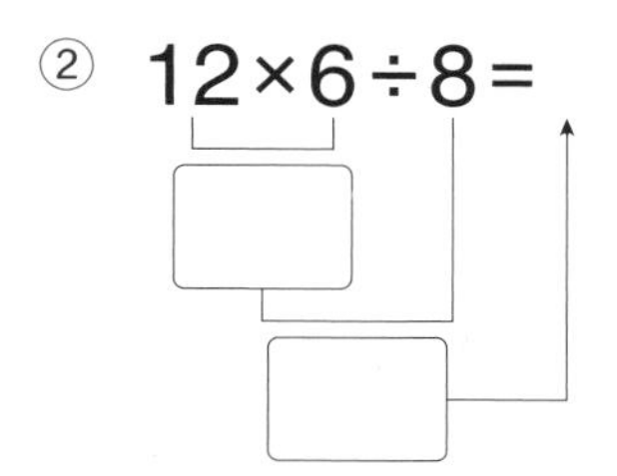

③ $36 \div 9 \times 5 =$

④ $40 \div 8 \times 11 =$

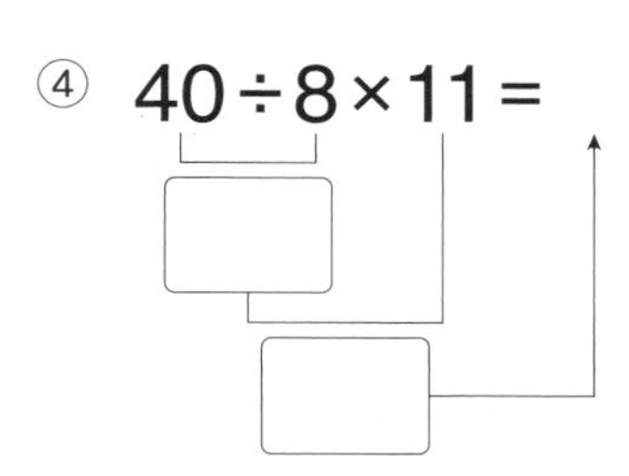

⑤ $24 \times 3 \div 18 =$

⑥ $60 \div 5 \times 7 =$

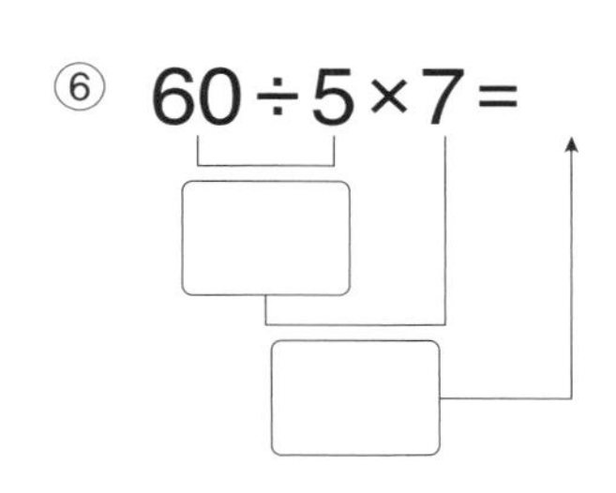

⑦ $25 \times (21 \div 7) =$

⑧ $38 \div 19 \times 35 =$

⑨ $81 \div 3 \times 2 =$

⑩ $75 \div (5 \times 3) =$

계산한 값을 순서에 따라 써 봐.

⑪ $90 \div (3 \times 5) =$

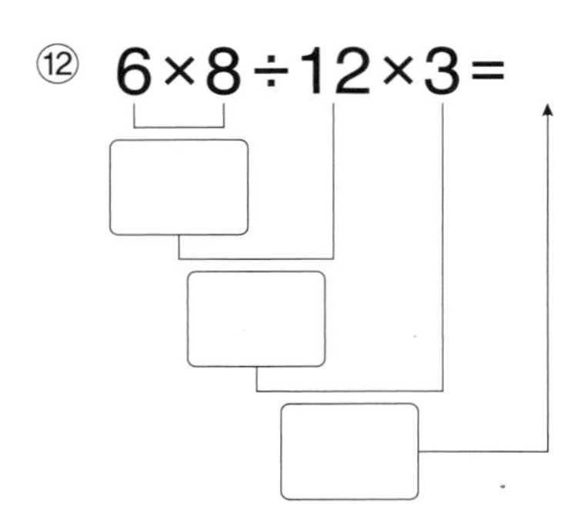

⑫ $6 \times 8 \div 12 \times 3 =$

⑬ $28 \div 4 \times 2 \times 6 =$

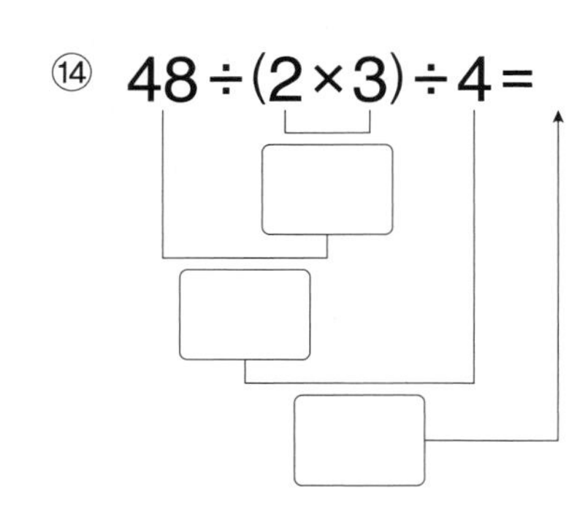

⑭ $48 \div (2 \times 3) \div 4 =$

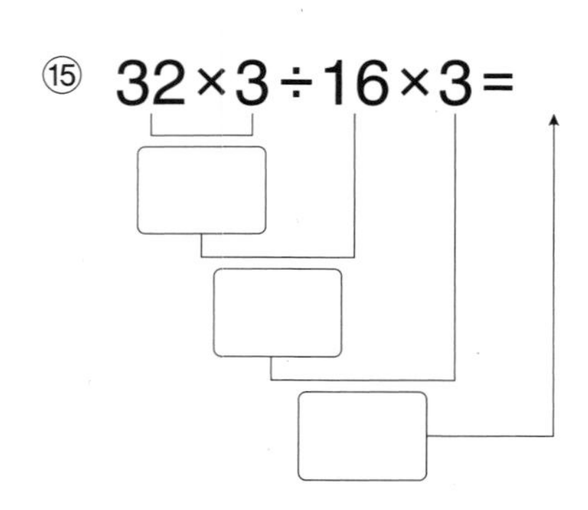

⑮ $32 \times 3 \div 16 \times 3 =$

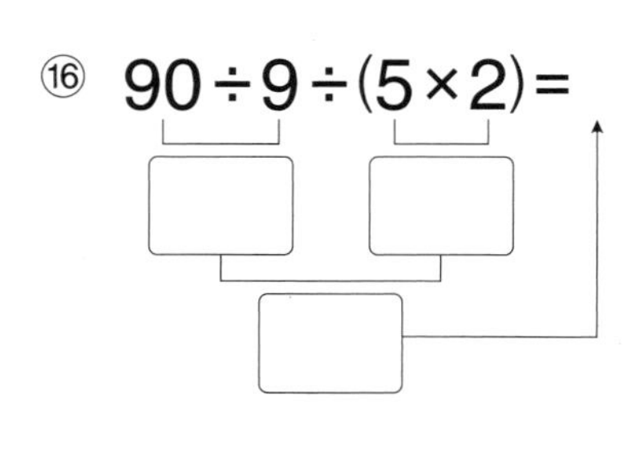

⑯ $90 \div 9 \div (5 \times 2) =$

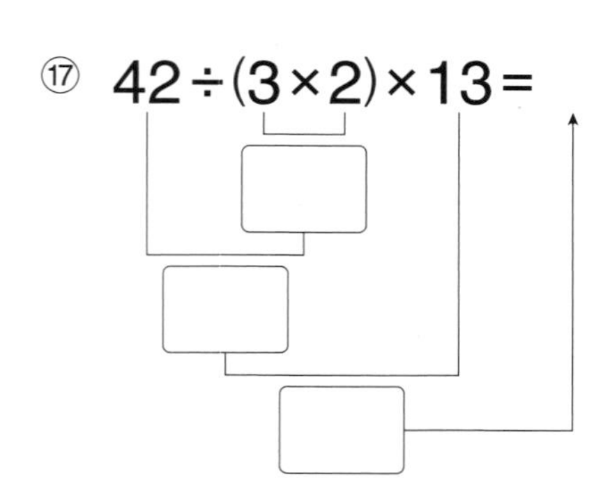

⑰ $42 \div (3 \times 2) \times 13 =$

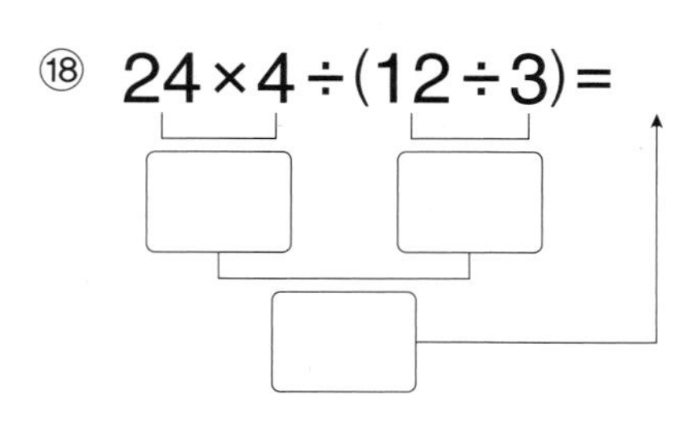

⑱ $24 \times 4 \div (12 \div 3) =$

계산 순서를 식 아래에 먼저 표시하고 계산하면 실수를 줄일 수 있어.

03 순서를 표시하고 계산하기

● 순서를 표시하고 계산해 보세요.

① $14 \div 2 \times 5 =$ 35

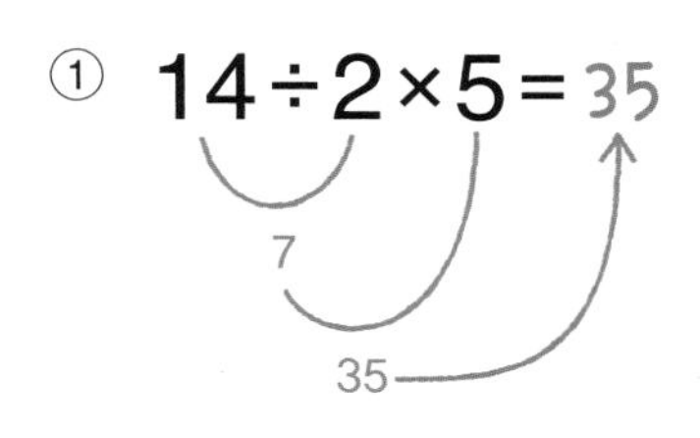

② $12 \times 5 \div 6 =$

③ $12 \div 3 \times 12 =$

④ $15 \times (35 \div 7) =$

⑤ $22 \times 5 \div 11 =$

⑥ $80 \div (4 \times 4) =$

⑦ $54 \div (3 \times 6) =$

⑧ $25 \times 3 \div 15 =$

⑨ $51 \div 17 \times 9 =$

⑩ $30 \times (16 \div 4) =$

⑪ $96 \div (8 \times 6) =$

⑫ $37 \times (56 \div 28) =$

계산 순서를 식 아래에 먼저 표시하고 계산하면 실수를 줄일 수 있어.

⑬ $12 \times 3 \div 9 \times 7 =$

⑭ $48 \div 6 \times 12 \div 16 =$

⑮ $57 \div 3 \times 2 \div 19 =$

⑯ $60 \div (4 \times 3) \times 5 =$

⑰ $36 \div 2 \times 3 \times 2 =$

⑱ $48 \times (16 \div 8) \div 24 =$

⑲ $91 \div (52 \div 4) \times 6 =$

⑳ $75 \times 3 \div (15 \times 5) =$

㉑ $6 \times (16 \div 4) \times 3 =$

㉒ $63 \div 9 \times (52 \div 13) =$

㉓ $120 \div (12 \div 4 \times 8) =$

㉔ $11 \times (18 \div 9 \times 5) =$

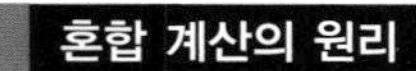

같은 수로 된 세 식에서 연산 기호만 바뀌면 계산 결과는 어떻게 달라질까?

04 기호를 바꾸어 계산하기

● 계산해 보세요.

① $15\times3\div5=9$

$15\div3\times5=25$

$15\div3\div5=1$

작은 수로 나누는 쪽이 계산 결과가 더 커요.

나누는 수가 많아지면 계산 결과가 작아져요.

② $16\times2\div4=$

$16\div2\times4=$

$16\div2\div4=$

③ $12\times3\div4=$

$12\div3\times4=$

$12\div3\div4=$

④ $20\times2\div5=$

$20\div2\times5=$

$20\div2\div5=$

⑤ $18\times2\div3=$

$18\div2\times3=$

$18\div2\div3=$

같은 수를 곱하고 나누면 1이에요.

⑥ $25\times5\div5=$

$25\div5\times5=$

$25\div5\div5=$

⑦ $42\times3\div7=$

$42\div3\times7=$

$42\div3\div7=$

⑧ $39\times3\div13=$

$39\div3\times13=$

$39\div3\div13=$

⑨ $64\times4\div8=$

$64\div4\times8=$

$64\div4\div8=$

⑩ $68\times2\div17=$

$68\div2\times17=$

$68\div2\div17=$

곱하거나 나누는 수의 크기만 비교해 봐도 알 수 있어.

05 계산하지 않고 크기 비교하기

● 계산하지 않고 크기를 비교하여 ○ 안에 >, =, <를 써 보세요.

① $15\times3\div5$ (<) $15\div3\times5$

곱하는 수보다 나누는 수가 더 커요. 나누는 수보다 곱하는 수가 더 커요.

② $12\times2\div3$ ○ $12\div2\times3$

③ $16\times2\div4$ ○ $16\div2\times4$

④ $18\times3\div2$ ○ $18\div3\times2$

⑤ $20\times2\div5$ ○ $20\div2\times5$

⑥ $21\times3\div7$ ○ $21\div3\times7$

⑦ $24\times2\div4$ ○ $24\div2\times4$

⑧ $36\times2\div9$ ○ $36\div2\times9$

⑨ $33\div11\times11$ ○ $33\times11\div11$

⑩ $25\times5\div5$ ○ $25\div5\times5$

⑪ $30\times5\div6$ ○ $30\div5\div6$

⑫ $28\times2\div7$ ○ $28\div2\div7$

⑬ $27\div3\div3$ ○ $27\times3\div3$

⑭ $42\div7\times3$ ○ $42\div7\div3$

⑮ $48\div3\div4$ ○ $48\div3\times4$

⑯ $50\div10\div5$ ○ $50\times10\div5$

같은 수를 곱하고 나누면 1이니까 지워서 계산할 수 있어.

06 지워서 계산하기

● 계산해서 1이 되는 두 수를 지우고 계산해 보세요.

① $15\times2\div2\times3=$ 15×3=45

(2÷2=1 ❶ 1이 되는 두 수를 지워요. ❷ 남은 수를 계산해요.)

② $16\times4\div8\div4=$

③ $24\times5\div5\div12=$

④ $24\times12\div3\div24=$

⑤ $30\div15\times3\times15=$

⑥ $46\div23\times23\div2=$

⑦ $84\times12\div4\div12=$

⑧ $50\div25\times25\times8=$

⑨ $21\times36\div36\div7=$

⑩ $92\times40\div8\div92=$

⑪ $100\div25\times25\div100=$

⑫ $9\times39\div9\div13=$

⑬ $18\times23\div18\div23=$

⑭ $12\times45\div45\div3=$

⑮ $56\div(14\times7\div7)=$

⑯ $81\div(27\times9\div9)=$

( )에 따라 계산 결과가 달라질 수도 있어.

07 괄호를 넣어 비교하기

● ( )가 없을 때와 있을 때를 계산하여 결과를 비교해 보세요.

① $36 \div 2 \times 3 =$ $18 \times 3 = 54$
앞에서부터 차례로 계산해요.
$36 \div (2 \times 3) =$ $36 \div 6 = 6$
( ) 안을 먼저 계산해요.
계산 결과가 달라요.

② $3 \times 12 \div 4 =$

$3 \times (12 \div 4) =$

③ $32 \div 8 \div 2 =$

$32 \div (8 \div 2) =$

④ $5 \times 8 \div 2 =$

$5 \times (8 \div 2) =$

⑤ $36 \div 2 \times 6 =$

$36 \div (2 \times 6) =$

⑥ $4 \times 14 \div 7 =$

$4 \times (14 \div 7) =$

⑦ $54 \div 3 \times 6 =$

$54 \div (3 \times 6) =$

⑧ $5 \times 15 \div 3 =$

$5 \times (15 \div 3) =$

⑨ $64 \div 16 \div 2 =$

$64 \div (16 \div 2) =$

⑩ $90 \div 3 \times 6 =$

$90 \div (3 \times 6) =$

⑪ $7 \times 24 \div 4 =$

$7 \times (24 \div 4) =$

⑫ $144 \div 8 \times 9 =$

$144 \div (8 \times 9) =$

⑬ $4\times12\div6=$

$4\times(12\div6)=$

⑭ $40\div4\div2=$

$40\div(4\div2)=$

⑮ $6\times9\div3=$

$6\times(9\div3)=$

⑯ $42\div6\times7=$

$42\div(6\times7)=$

⑰ $45\div5\times3=$

$45\div(5\times3)=$

⑱ $48\div6\div2=$

$48\div(6\div2)=$

⑲ $8\times12\div6=$

$8\times(12\div6)=$

⑳ $81\div9\div3=$

$81\div(9\div3)=$

㉑ $78\div26\times3=$

$78\div(26\times3)=$

㉒ $160\div8\times2=$

$160\div(8\times2)=$

㉓ $9\times21\div7=$

$9\times(21\div7)=$

㉔ $200\div20\div5=$

$200\div(20\div5)=$

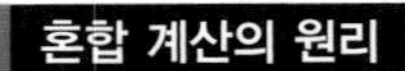
혼합 계산의 원리

계산 과정에서 늘어나는 만큼 줄어들면 처음 수와 같아지겠지?

08 처음 수가 되는 계산하기

● 차례로 계산해 보세요.

①

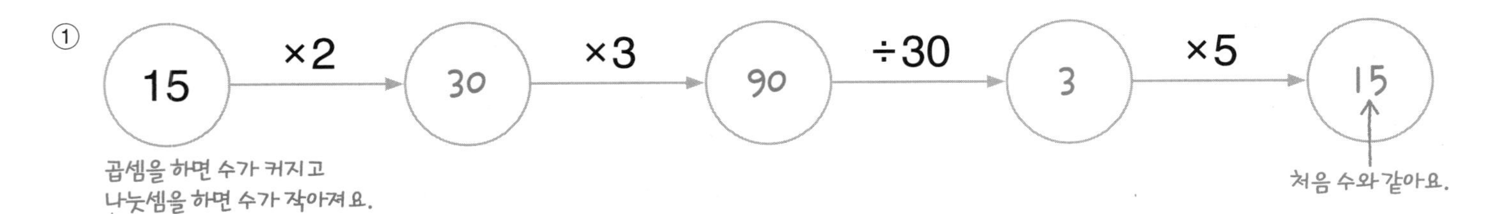
15
×2
30
×3
90
÷30
3
×5
15
곱셈을 하면 수가 커지고
나눗셈을 하면 수가 작아져요.
처음 수와 같아요.

② 20 →(×4)→ ( ) →(÷8)→ ( ) →(×4)→ ( ) →(÷2)→ ( )

③ 24 →(÷12)→ ( ) →(×3)→ ( ) →(×2)→ ( ) →(×2)→ ( )

④ 30 →(×5)→ ( ) →(÷3)→ ( ) →(÷5)→ ( ) →(×3)→ ( )

⑤ 17 →(×3)→ ( ) →(×4)→ ( ) →(÷2)→ ( ) →(÷6)→ ( )

⑥ 36 →(×4)→ ( ) →(÷8)→ ( ) →(÷2)→ ( ) →(×4)→ ( )

1이 되려면 모두 나누어야 해.

09 1이 되는 식 만들기

● □ 안에 알맞은 수를 써 보세요.

① $8\times3\div$ 24 $=1$

❶ 24 ❷ 24를 24로 나누어야 1이 돼요.

② $12\times3\div\square=1$

③ $9\times2\div\square=1$

④ $10\times4\div\square=1$

⑤ $15\div5\div\square=1$

⑥ $16\div8\div\square=1$

⑦ $21\div3\div\square=1$

⑧ $25\div5\div\square=1$

⑨ $12\times5\div\square=1$

⑩ $15\times3\div\square=1$

⑪ $8\times8\div\square=1$

⑫ $39\div3\div\square=1$

⑬ $12\div4\div\square=1$

⑭ $60\div5\div\square=1$

⑮ $27\div9\div\square=1$

⑯ $32\div8\div\square=1$

3 덧셈, 뺄셈, 곱셈(나눗셈)의 혼합 계산

+, −, ×, ÷이 섞여 있는 식은 ×, ÷을 먼저 계산해.

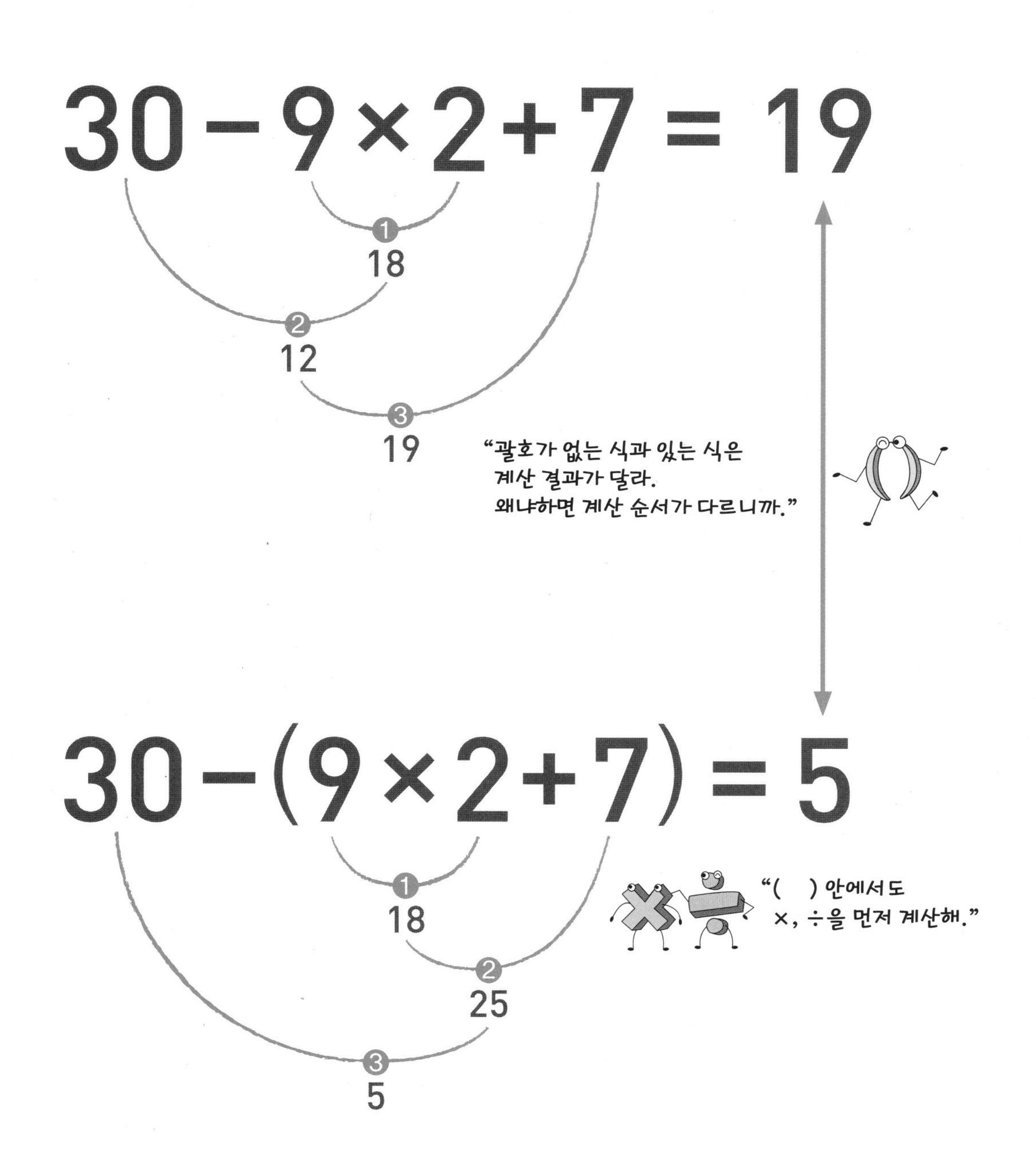
30−9×2+7 = 19
①
18
②
12
③
19
"괄호가 없는 식과 있는 식은
계산 결과가 달라.
왜냐하면 계산 순서가 다르니까."
30−(9×2+7) = 5
①
18
②
25
③
5
"(   ) 안에서도
×, ÷을 먼저 계산해."

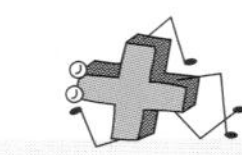

( ) → ×, ÷ → +, −의 순서로 계산해.

01 계산 순서 나타내기

● 계산 순서를 나타내 보세요.

① 22 + 3 × 5

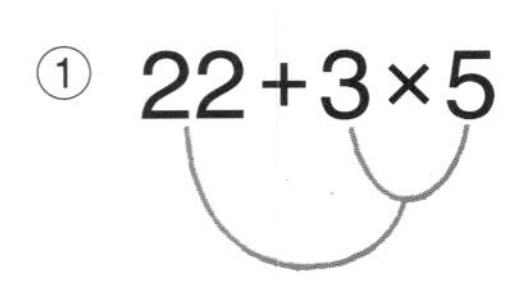

덧셈, 뺄셈, 곱셈이 섞여 있는 식에서는 곱셈을 먼저 계산해요.

② 25 − 14 ÷ 2

③ 6 × 9 + 15

④ 18 ÷ 2 − 4

⑤ 27 − 2 × (4 + 9)

( )가 있는 식에서는 ( ) 안을 먼저 계산해요.

⑥ 36 + 12 ÷ (6 − 4)

⑦ 35 ÷ (8 − 3) + 26

⑧ 23 + (30 − 15) ÷ 5

⑨ 27 + (36 − 6) ÷ 3

⑩ 7 × 12 − (14 + 9)

⑪ (21 − 5) ÷ 4 + 3

⑫ 35 + 7 × (13 − 8)

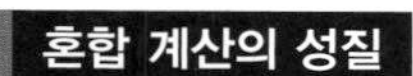

계산한 값을 순서에 따라 써 봐.

02 순서에 따라 계산하기

● 순서에 따라 계산해 보세요.

① $40-4\times9=4$

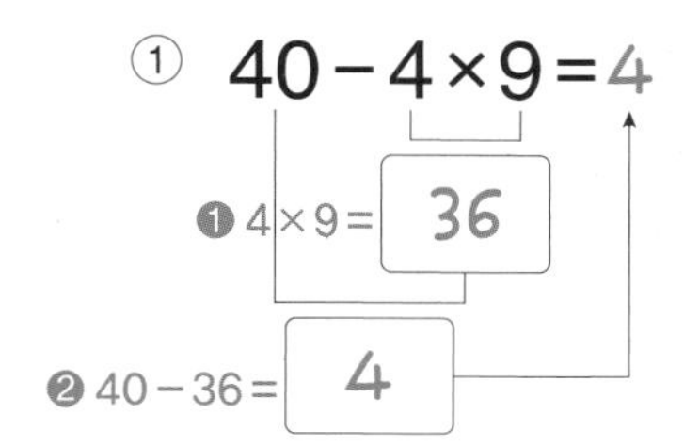

② $21-18\div3=$

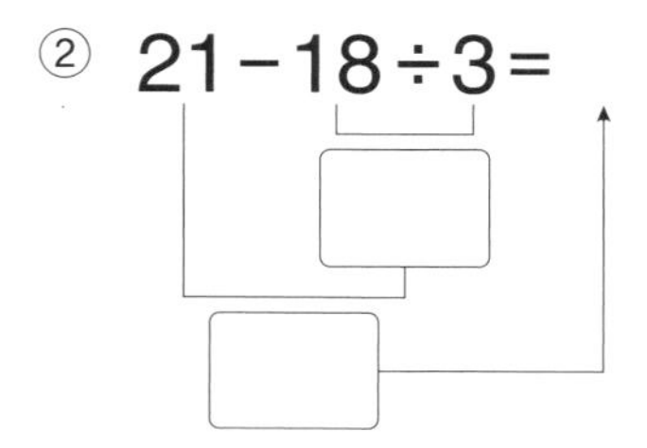

③ $12+9\times5=$

④ $16+32\div8=$

⑤ $7\times4+25=$

⑥ $60\div5-7=$

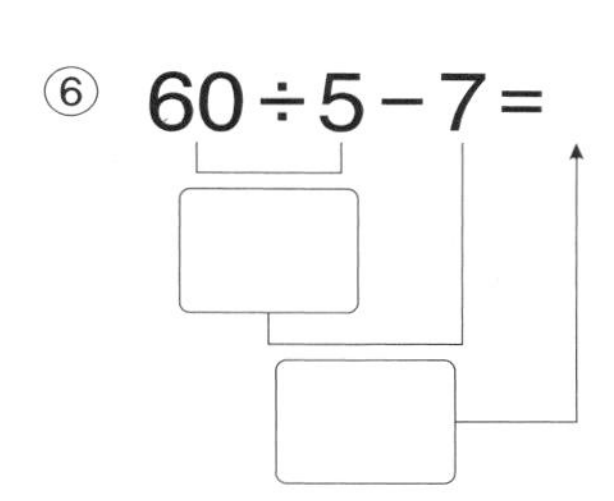

⑦ $34+5\times3=$

⑧ $36\div2-9=$

⑨ $18\div2+5-1=$

⑩ $24+12\times3-18=$

계산한 값을 순서에 따라 써 봐.

⑪ $16-2+16\times2=$

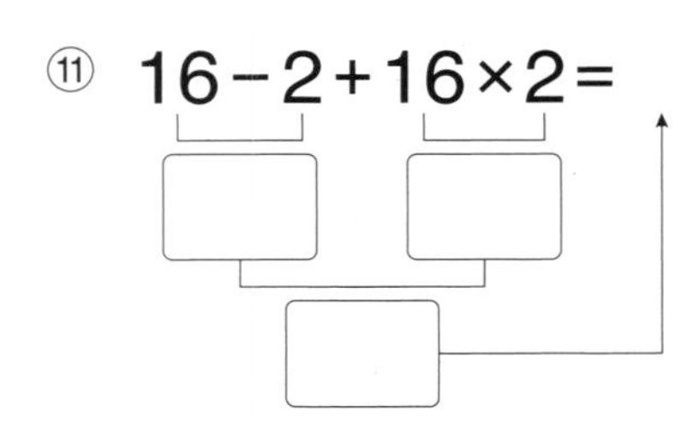

⑫ $3\times25-(19+7)=$

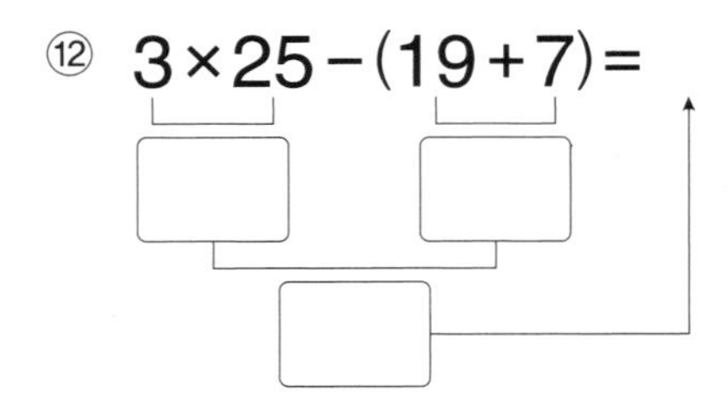

⑬ $18-54\div3\div6=$

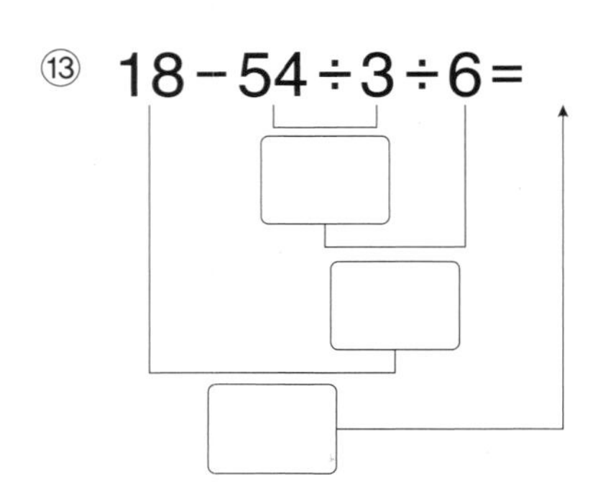

⑭ $5\times11+25-46=$

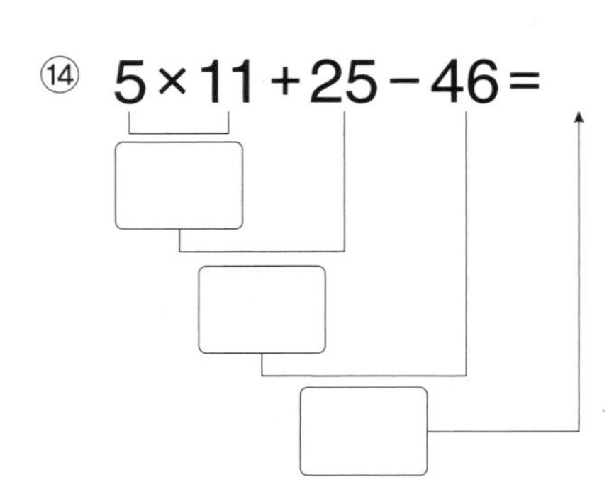

⑮ $52\div(5+8)-2=$

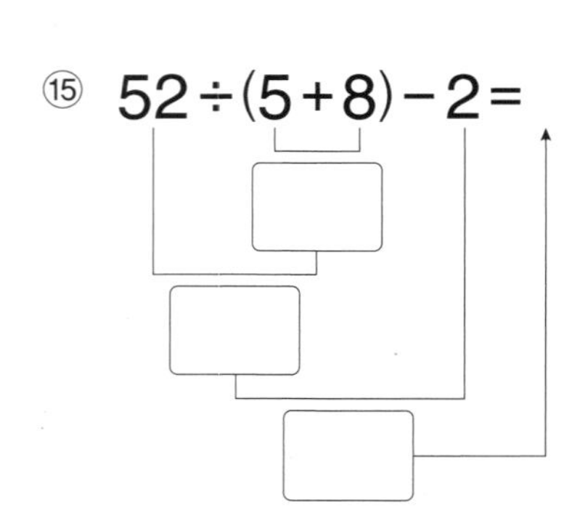

⑯ $68-(16+9)\div5=$

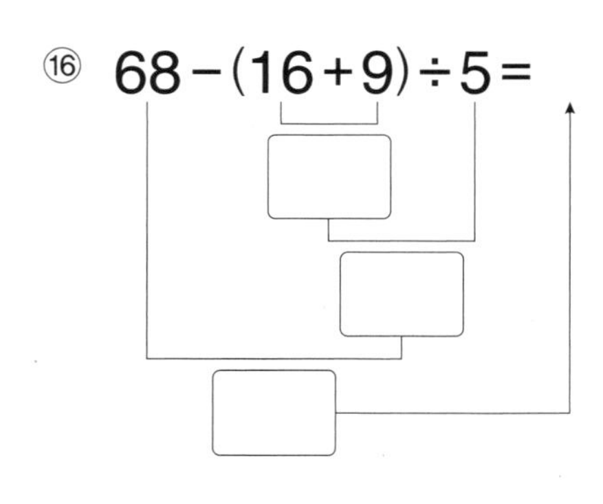

⑰ $47-69\div23-5=$

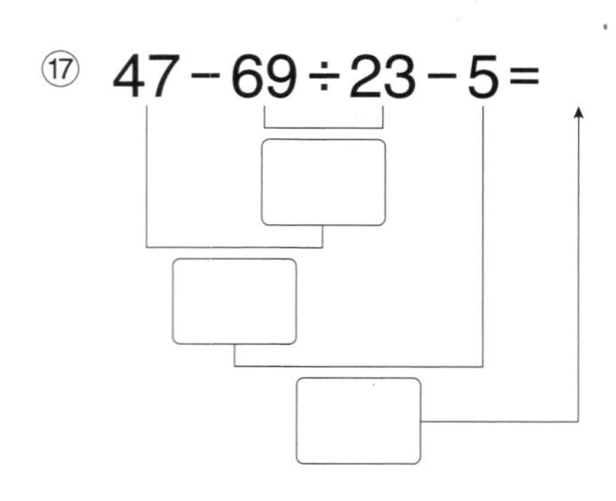

⑱ $4+81\div(18-9)=$

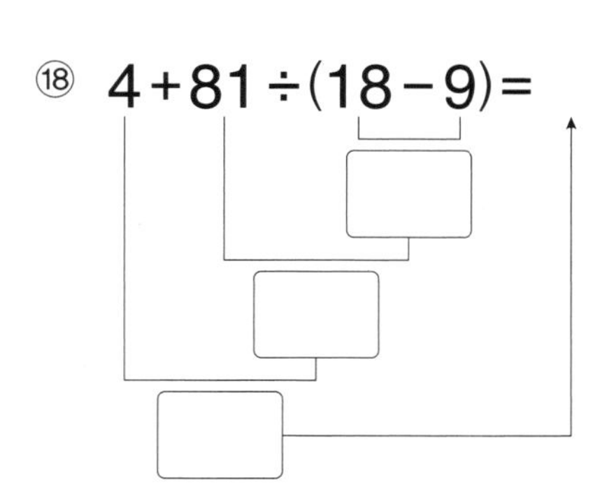

계산 순서를 식 아래에 먼저 표시하고 계산하면 실수를 줄일 수 있어.

03 순서를 표시하고 계산하기

● 순서를 표시하고 계산해 보세요.

① $19-3\times4=$7

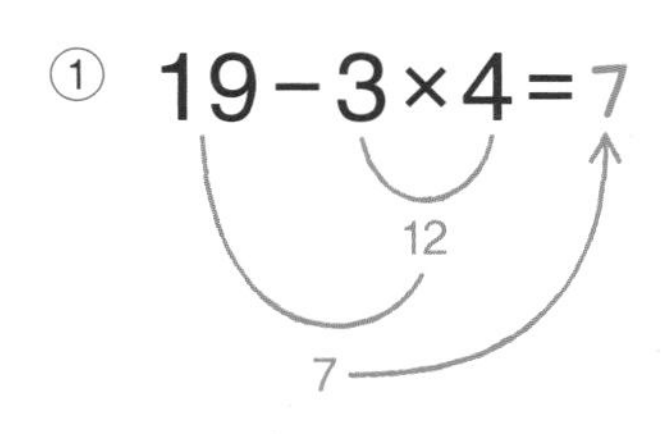

② $12\times3+12=$

③ $21\div3-4=$

④ $26-15\div3=$

⑤ $24\div3+6-7=$

⑥ $31-9\times2+15=$

⑦ $6+(24-12)\div2=$

⑧ $24-18+28\div4=$

⑨ $8\times(16-9)-16=$

⑩ $9\times10-3\times9=$

⑪ $84\div12-(9-6)=$

⑫ $64\div(5+3)-4=$

계산 순서를 식 아래에 먼저 표시하고 계산하면 실수를 줄일 수 있어.

⑬ $50-2\times6\times4=$

⑭ $24+8-40\div8=$

⑮ $(19-16)\times7+24=$

⑯ $14-64\div(4+4)=$

⑰ $23-48\div4-10=$

⑱ $6\times(16-7)+18=$

⑲ $64\div4-15+9=$

⑳ $10\times12-(10+12)=$

㉑ $30+39\div(52\div4)=$

㉒ $130-(19+13)\times4=$

㉓ $(24+75-18)\div9=$

㉔ $112\div(22+25-33)=$

같은 수로 된 세 식에서 연산 기호만 바뀌면 계산 결과는 어떻게 달라질까?

04 기호를 바꾸어 계산하기

● 계산해 보세요.

① $16\times2+4=$ 36
$16\div2+4=$ 12
$16+2\times4=$ 24

곱한 쪽보다 나눈 쪽이 더 작아요.
작은 수를 곱하는 쪽이 더 작아요.

② $15\times3+5=$
$15\div3+5=$
$15+3\times5=$

③ $18\times2+3=$
$18\div2+3=$
$18+2\times3=$

④ $27\times3+9=$
$27\div3+9=$
$27+3\times9=$

⑤ $30\times2+5=$
$30\div2+5=$
$30+2\times5=$

⑥ $21\times3-7=$
$21\div3-7=$
$21-3\times7=$

⑦ $36\times2-8=$
$36\div2-8=$
$36-2\times8=$

⑧ $30\times3-5=$
$30\div3-5=$
$30-3\times5=$

⑨ $24\times3-8=$
$24\div3-8=$
$24-3\times8=$

⑩ $40\times2-10=$
$40\div2-10=$
$40-2\times10=$

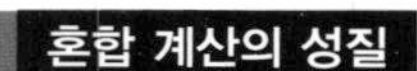

05 괄호를 넣어 비교하기

● ( )가 없을 때와 있을 때를 계산하여 결과를 비교해 보세요.

① $60-10\times2+3=$ 43

$60-(10\times2)+3=$ 43

$60-10\times(2+3)=$ 10

곱셈은 괄호로 묶어도 계산 순서가 같아요.

덧셈을 괄호로 묶으면 계산 순서가 달라져요.

② $45-7+2\times4=$

$45-(7+2)\times4=$

$45-7+(2\times4)=$

③ $36\div12-6\div3=$

$36\div(12-6)\div3=$

$36\div12-(6\div3)=$

④ $11\times4-2+32=$

$11\times(4-2)+32=$

$11\times4-(2+32)=$

⑤ $48\div6-3+5=$

$48\div(6-3)+5=$

$48\div6-(3+5)=$

⑥ $50-9\times2+3=$

$50-(9\times2)+3=$

$50-9\times(2+3)=$

⑦ $56-11+2\times4=$

$56-(11+2)\times4=$

$56-11+(2\times4)=$

⑧ $6\times5-3+26=$

$6\times(5-3)+26=$

$6\times5-(3+26)=$

( )는 한 덩어리를 나타내는 기호니까 먼저 계산해.

⑨ $40-8+4\times3=$

$40-(8+4)\times3=$

$40-8+(4\times3)=$

계산 과정에서 커지는 만큼 작아지면 처음 수와 같아지겠지?

06 처음 수가 되는 계산하기

● 차례로 계산해 보세요.

① 15 → +3 → 18 → ÷3 → 6 → −2 → 4 → +11 → 15

덧셈이나 곱셈을 하면 수가 커지고
뺄셈이나 나눗셈을 하면 수가 작아져요.

처음 수와 같아요.

② 18 → ×2 → ( ) → −6 → ( ) → +2 → ( ) → −14 → ( )

③ 30 → +2 → ( ) → ÷4 → ( ) → +2 → ( ) → ×3 → ( )

④ 20 → ×2 → ( ) → +3 → ( ) → −13 → ( ) → −10 → ( )

⑤ 23 → −8 → ( ) → ×3 → ( ) → +1 → ( ) → ÷2 → ( )

⑥ 33 → ÷11 → ( ) → +22 → ( ) → −4 → ( ) → +12 → ( )

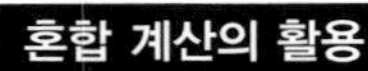

자리에 식을 넣었을 때 계산이 맞아야 해.

07 하나의 식으로 만들기

● ( )를 사용하여 두 식을 하나의 식으로 만들어 보세요.

❶ 두 식에 공통으로 있는 3을 이용해요.

① $3=12-9,\ 51\div3=17$

❷ 12－9는 한 덩어리니까 ( )로 묶어서 3에 넣어요.

괄호를 넣어야 3의 값이 달라지지 않아요.

$51\div(12-9)=17$

② $20=14+6,\ 5\times20=100$

③ $12=8+4,\ 12\times3-15=21$

④ $9=21-12,\ 9\times5-22=23$

⑤ $19=9+10,\ 3\times19-17=40$

도대체 왜 ( )를 사용해야 해?

$3=12-9,\ 51\div3=17$ → $51\div(12-9)=17$ (3)

→ $51\div12-9=$ (?)

"( )가 없으면 3이 없어지니까!"

0이 되려면 모두 빼야 해.

08 0이 되는 식 만들기

● □ 안에 알맞은 수를 써 보세요.

① $12 \div 3 - \boxed{4} = 0$

❶ 4 ❷ 4에서 4를 빼야 0이 돼요.

② $20 \div 4 - \square = 0$

③ $22 \div 11 - \square = 0$

④ $32 \div 4 - \square = 0$

⑤ $3 \times 9 - \square = 0$

⑥ $14 \times 2 - \square = 0$

⑦ $15 \times 3 - \square = 0$

⑧ $23 \times 3 - \square = 0$

⑨ $36 - 4 \times \square = 0$

⑩ $42 - 7 \times \square = 0$

⑪ $48 - 6 \times \square = 0$

⑫ $72 - 9 \times \square = 0$

⑬ $12 - 36 \div \square = 0$

⑭ $15 - 30 \div \square = 0$

⑮ $24 - 72 \div \square = 0$

⑯ $16 - 80 \div \square = 0$

덧셈, 뺄셈, 곱셈, 나눗셈의 혼합 계산

×, ÷을 계산한 후 +, −을 계산!

$$28+(5\times3-36\div4)\times2=40$$

① 15
② 9
③ 6
④ 12
⑤ 40

"(　　) 안에서도
×, ÷을 먼저 계산해."

(　　)가 있으면 (　　) 안을 먼저 계산!

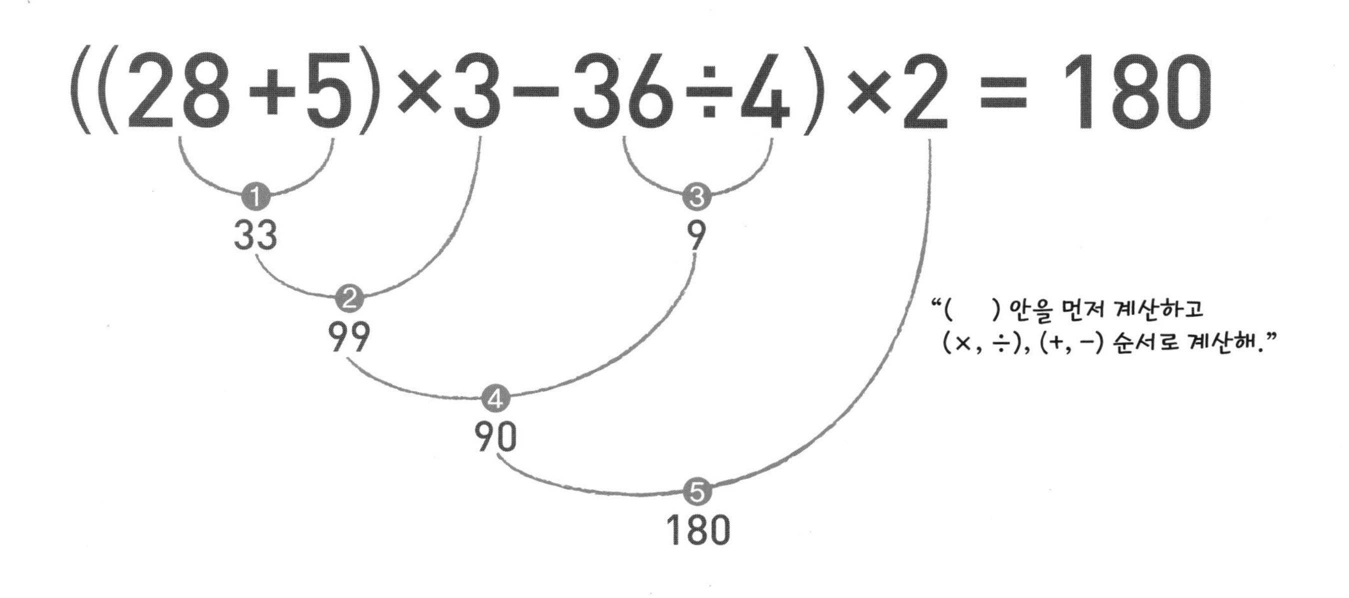

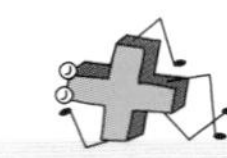

앞에서부터 차례로 계산하고 ( )가 있으면 ( ) 안을 먼저 계산해.

01 계산 순서 나타내기

● 계산 순서를 나타내 보세요.

① $10+7\times8-42\div3$

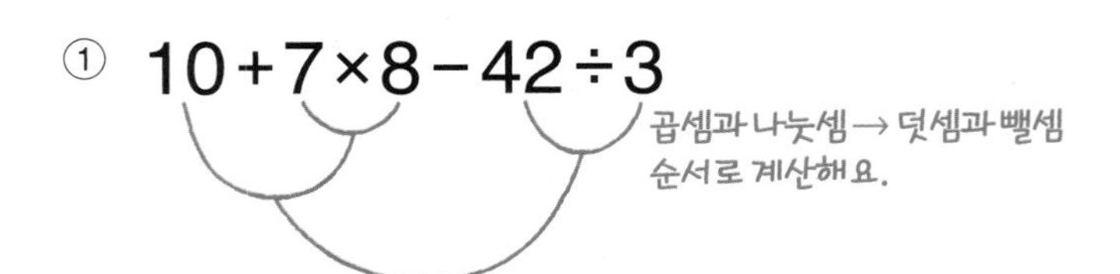

곱셈과 나눗셈 → 덧셈과 뺄셈
순서로 계산해요.

② $28-3\times4\div2+9$

③ $36\div6\times8+11-9$

④ $6\times3+11-12\div2$

⑤ $22+8\times6\div12-13$

⑥ $18\div3+12\times2-15$

( )가 있는 식에서는
( ) 안을 먼저 계산해요.

⑦ $(8+12)\div4\times2-1$

⑧ $15\times6-(76+8)\div7$

⑨ $20-(2\times4+22)\div6$

⑩ $24+(29-14)\div5\times3$

⑪ $43-(8\times(4+2)\div3)$

⑫ $((12-2)\times3+2)\div4$

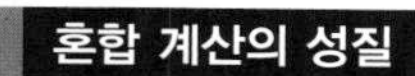

계산한 값을 순서에 따라 써 봐.

02 순서에 따라 계산하기

● 순서에 따라 계산해 보세요.

① $26-6\times3+18\div2=17$

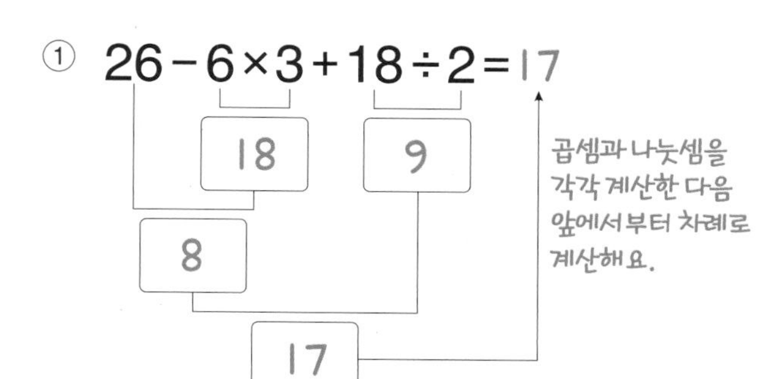
18
9
8
17
곱셈과 나눗셈을 각각 계산한 다음 앞에서부터 차례로 계산해요.

② $16+33\div3-4\times5=$

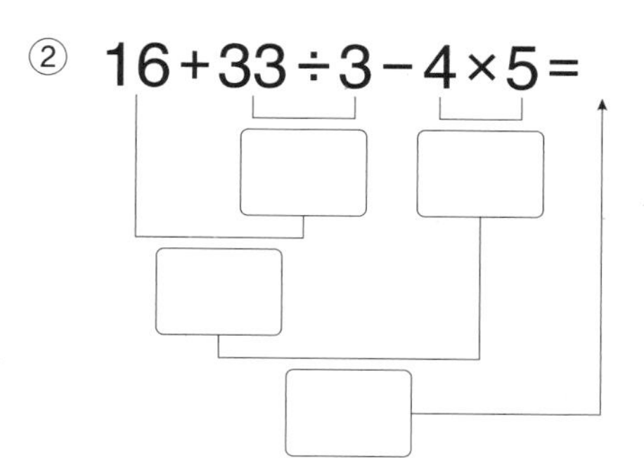

③ $9\times4+14-36\div4=$

④ $21-8\times2+21\div3=$

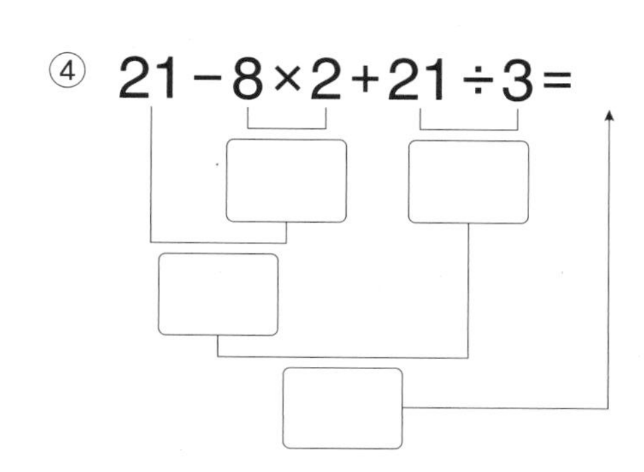

⑤ $10-(14+10)\times2\div8=$

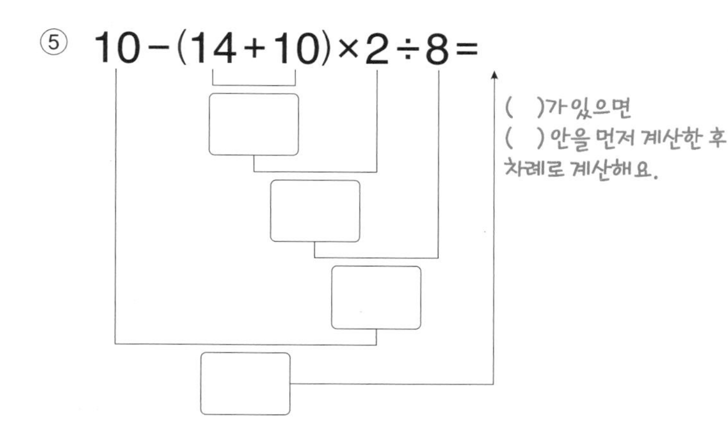
( )가 있으면 ( ) 안을 먼저 계산한 후 차례로 계산해요.

⑥ $27+26\times3\div13-16=$

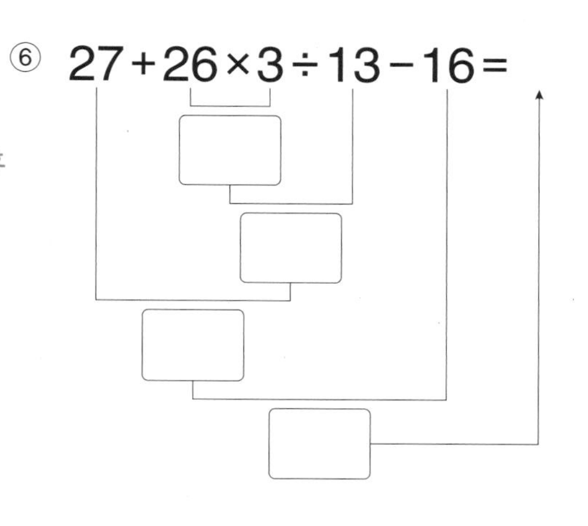

⑦ $36\div6+(26-13)\times3=$

⑧ $(12+3)\times6-35\div7=$

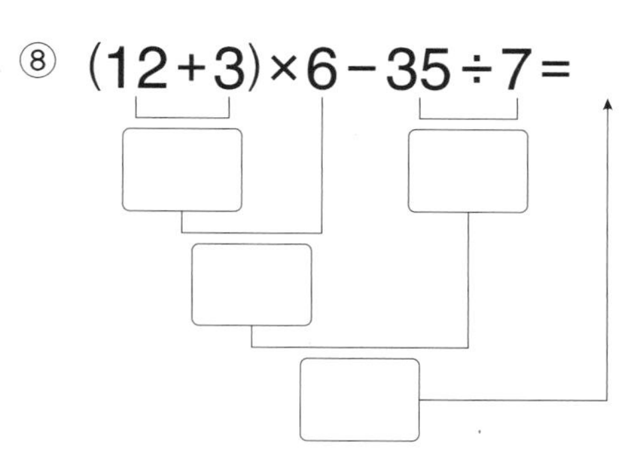

계산한 값을 순서에 따라 써 봐.

⑨ $30-(3\times(8+4)\div9)=$

⑩ $72\div(2\times(15-9)+12)=$

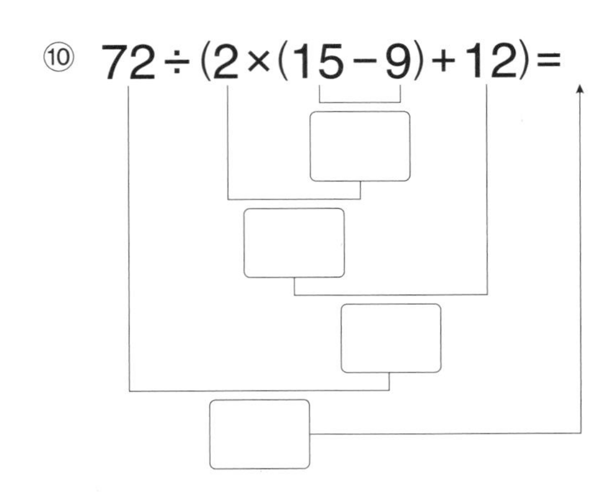

⑪ $(16+(27-9)\times3)\div7=$

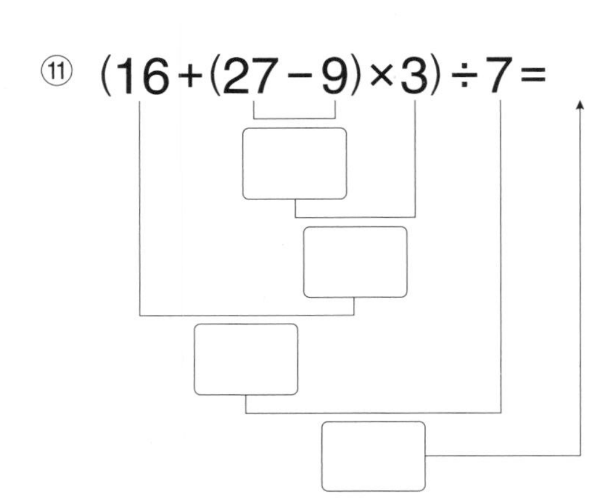

⑫ $2\times(30-90\div(28+17))=$

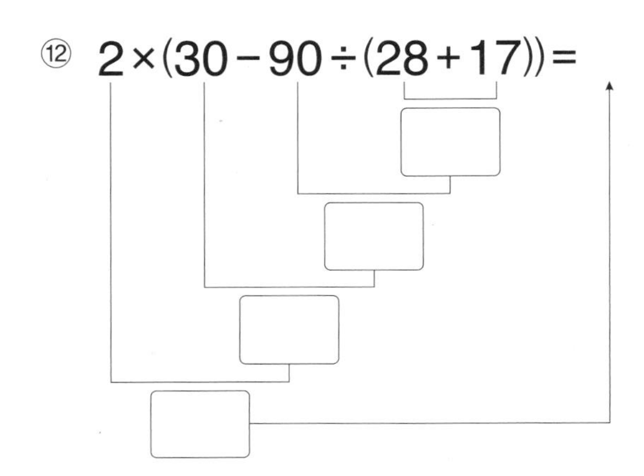

⑬ $(42-(19+16)\div5)\times2+8=$

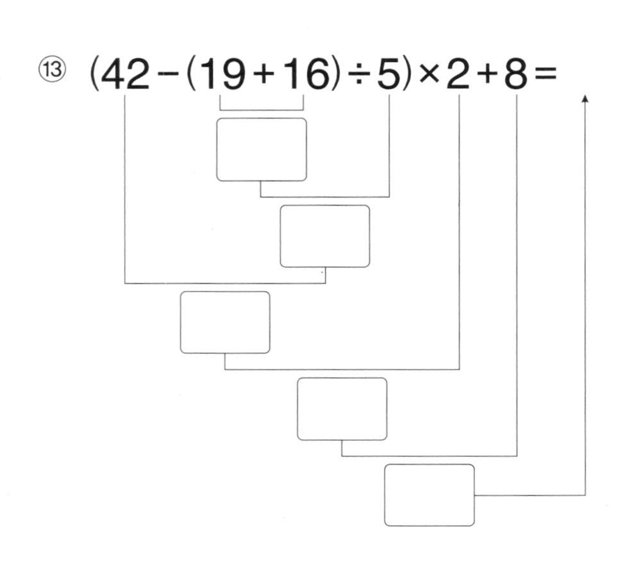

⑭ $50+(61-(42-38)\times4)\div9=$

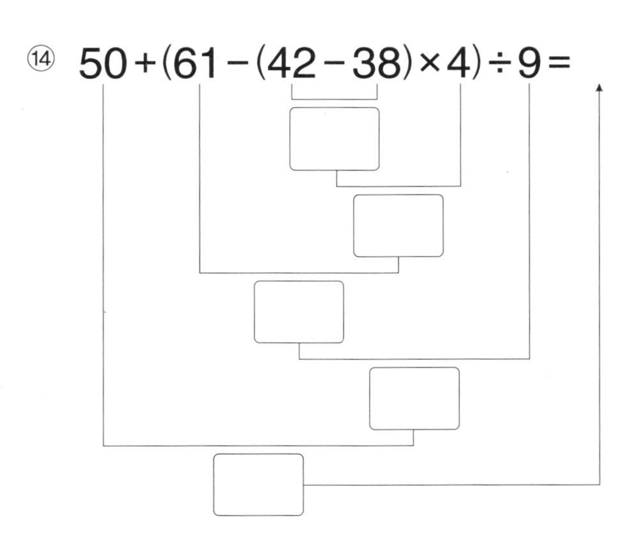

계산 순서를 식 아래에 먼저 표시하고 계산하면 실수를 줄일 수 있어.

03 순서를 표시하고 계산하기

● 순서를 표시하고 계산해 보세요.

① $14\times3+50-42\div6=$ 85

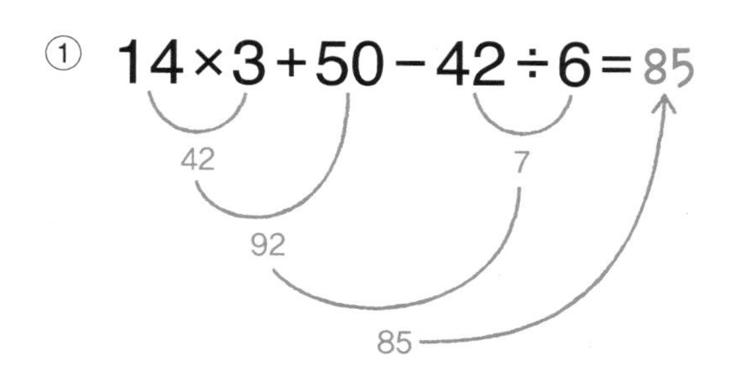

② $3\times9-48\div3+12=$

③ $36\div9+8\times1-8=$

④ $47-80\div5+11\times3=$

⑤ $16+(23-2)\div7\times5=$

⑥ $28\div(6+8)\times25-35=$

⑦ $12\times6-8+32\div4=$

⑧ $14\times4-(50+76)\div6=$

⑨ $50-7\times7+65\div5=$

⑩ $8\times7-42\div(2+12)=$

계산 순서를 식 아래에 먼저 표시하고 계산하면 실수를 줄일 수 있어.

⑪ $21\times\{18-(3+5)\}\div7=$

⑫ $20-48\div(13+3)\times6=$

⑬ $5\times\{(42+18)\div12-3\}=$

⑭ $72-(63\div3+10\times3)=$

⑮ $75\div\{(7+4)\times5-30\}=$

⑯ $\{5\times8-(18+36)\div9\}\times2=$

⑰ $72-\{4\times9+(32-5)\div3\}=$

⑱ $50-\{(13-8)\times9-34\div17\}=$

⑲ $6\times\{(56-8)\div12+7\}=$

⑳ $134\div\{93\div3+(15-6)\times4\}=$

( )에 따라 계산 결과가 달라질 수도 있어.

04 괄호를 넣어 비교하기

● ( )가 없을 때와 있을 때를 계산하여 결과를 비교해 보세요.

① $20 \div 4 + 2 \times 6 - 3 =$ 14

$20 \div 4 + (2 \times 6) - 3 =$ 14

$20 \div 4 + 2 \times (6 - 3) =$ 11

곱셈은 괄호로 묶어도 계산 순서가 같아요.

뺄셈을 괄호로 묶으면 계산 순서가 달라져요.

② $16 - 3 \times 2 + 10 \div 5 =$

$(16 - 3) \times 2 + 10 \div 5 =$

$16 - 3 \times (2 + 10 \div 5) =$

③ $15 + 2 \times 3 - 8 \div 4 =$

$(15 + 2) \times 3 - 8 \div 4 =$

$15 + 2 \times (3 - 8 \div 4) =$

④ $22 \div 11 + 2 \times 7 - 4 =$

$22 \div 11 + (2 \times 7) - 4 =$

$22 \div 11 + 2 \times (7 - 4) =$

⑤ $21 + 7 - 3 \times 12 \div 4 =$

$21 + (7 - 3) \times 12 \div 4 =$

$21 + 7 - (3 \times 12 \div 4) =$

⑥ $11 \times 4 + 16 \div 8 - 4 =$

$11 \times 4 + 16 \div (8 - 4) =$

$11 \times (4 + 16 \div 8) - 4 =$

⑦ $24 - 8 \times 2 \div 4 + 7 =$

$(24 - 8) \times 2 \div 4 + 7 =$

$24 - (8 \times 2 \div 4) + 7 =$

⑧ $14 \times 3 + 2 - 8 \div 4 =$

$14 \times (3 + 2) - 8 \div 4 =$

$14 \times 3 + 2 - (8 \div 4) =$

⑨ $36 \div 4 - 2 \times 3 + 5 =$

$36 \div 4 - (2 \times 3) + 5 =$

$(36 \div 4 - 2) \times 3 + 5 =$

⑩ $15 \times 3 + 18 \div 9 - 7 =$

$15 \times 3 + 18 \div (9 - 7) =$

$15 \times (3 + 18 \div 9) - 7 =$

05 계산하지 않고 크기 비교하기

● 계산하지 않고 크기를 비교하여 ○ 안에 >, <를 써 보세요.

① $11+9\times4\div3+6$ (>) $11+9\times4\div3-6$

같은 값에

더한 쪽이 뺀 쪽보다 더 커요.

② $20-4\div2\times5+8$ ○ $20-4\div2\times5-8$

③ $40\div8+2\times6+3$ ○ $40\div8+2\times6\times3$

④ $42-15\div3+7\times2$ ○ $42-15\div3+7+2$

⑤ $12+2\times6\div2-3$ ○ $12-2\times6\div2-3$

⑥ $21+7\times6\div3-5$ ○ $21-7\times6\div3-5$

⑦ $24-6\div3+8\times2$ ○ $24+6\div3+8\times2$

⑧ $60-12\times2-9\div3$ ○ $60-12\times2+9\div3$

06 하나의 식으로 만들기

●자리에 식을 넣었을 때 계산이 맞아야 해.

● ( )를 사용하여 두 식을 하나의 식으로 만들어 보세요.

① ❶ 두 식에 공통으로 있는 26을 이용해요.

26=5×4+6, 38−26÷2=25

❷ 5×4+6은 한 덩어리니까 ( )로 묶어서 26에 넣어요.

괄호를 넣어야 26의 값이 달라지지 않아요.

38−(5×4+6)÷2=25

② 3=8−35÷7, 9×3+5=32

③ 15=1+42÷3, 50−15×2=20

④ 38=2+4×9, 5×38÷10=19

⑤ 9=19−15×4÷6, 13−2−9=2

⑥ 13=2+22÷2, 58−13×3=19

⑦ 52=88−3×12, 52÷4+2=15

N5 약수와 배수

약수는 ÷로, 배수는 ×로 구할 수 있어.

● ÷로 약수 구하기

8÷1=8	8÷5=1⋯3
8÷2=4	8÷6=1⋯2
8÷3=2⋯2	8÷7=1⋯1
8÷4=2	8÷8=1

↓

8의 약수: 1, 2, 4, 8

8을 나누어떨어지게 하는 수

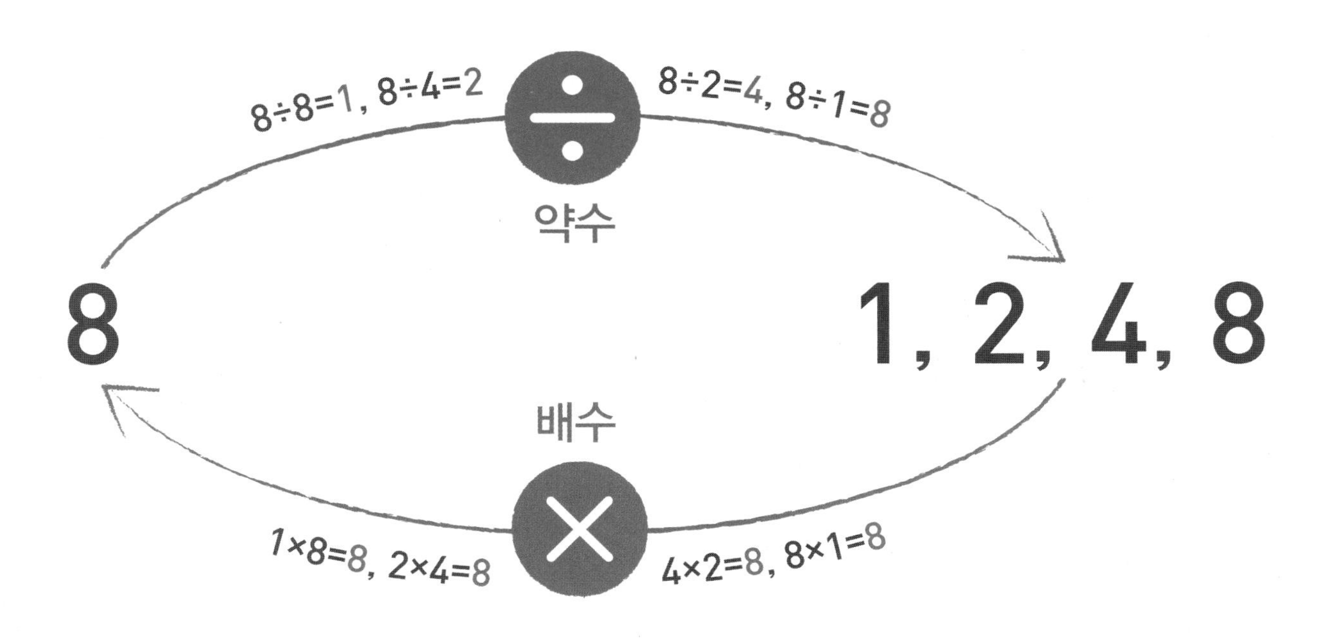

● ×로 배수 구하기

8×1=8	8×10=80
8×2=16	8×11=88
8×3=24	8×12=96
⋮	⋮

↓

8의 배수: 8, 16, 24, ...

8을 1배, 2배, 3배,... 한 수

수의 원리

N01 나눌 수 있는 수 찾기

● 안의 수를 나누어떨어지게 하는 수에 모두 색칠해 보세요.

① 8 — 1 2 3 4 5 6 7 8 9 10 11 12 13 14 15 16

8÷①=8, 8÷②=4, 8÷④=2, 8÷⑧=1

② 9 — 1 2 3 4 5 6 7 8 9 10 11 12 13 14 15 16

③ 10 — 1 2 3 4 5 6 7 8 9 10 11 12 13 14 15 16

④ 12 — 1 2 3 4 5 6 7 8 9 10 11 12 13 14 15 16

⑤ 14 — 1 2 3 4 5 6 7 8 9 10 11 12 13 14 15 16

⑥ 15 — 1 2 3 4 5 6 7 8 9 10 11 12 13 14 15 16

⑦ 16 — 1 2 3 4 5 6 7 8 9 10 11 12 13 14 15 16

N02 나눗셈을 이용하여 약수 구하기

● ☐ 안에 알맞은 수를 쓰고 약수를 구해 보세요.

① 4 ÷ 1 = 4 ❶ 4는 1로 나누어떨어져요.
4 ÷ 2 = 2 ❷ 4는 2로 나누어떨어져요.
4 ÷ 4 = 1 ❸ 4는 4로 나누어떨어져요.
4의 약수
4의 약수 ➡ 1, 2, 4

② 9 ÷ ☐ = 9
9 ÷ ☐ = 3
9 ÷ ☐ = 1
9의 약수
9의 약수 ➡ ______

③ 6 ÷ ☐ = 6
6 ÷ ☐ = 3
6 ÷ ☐ = 2
6 ÷ ☐ = 1
6의 약수 ➡ ______

④ 8 ÷ ☐ = 8
8 ÷ ☐ = 4
8 ÷ ☐ = 2
8 ÷ ☐ = 1
8의 약수 ➡ ______

⑤ 10 ÷ ☐ = 10
10 ÷ ☐ = 5
10 ÷ ☐ = 2
10 ÷ ☐ = 1
10의 약수 ➡ ______

⑥ 14 ÷ ☐ = 14
14 ÷ ☐ = 7
14 ÷ ☐ = 2
14 ÷ ☐ = 1
14의 약수 ➡ ______

1은 모든 수의 약수예요.

⑦ 15 ÷ ☐ = 15

15 ÷ ☐ = 5

15 ÷ ☐ = 3

15 ÷ ☐ = 1

15의 약수 ➡ ____________________

⑧ 21 ÷ ☐ = 21

21 ÷ ☐ = 7

21 ÷ ☐ = 3

21 ÷ ☐ = 1

21의 약수 ➡ ____________________

⑨ 22 ÷ ☐ = 22

22 ÷ ☐ = 11

22 ÷ ☐ = 2

22 ÷ ☐ = 1

22의 약수 ➡ ____________________

⑩ 27 ÷ ☐ = 27

27 ÷ ☐ = 9

27 ÷ ☐ = 3

27 ÷ ☐ = 1

27의 약수 ➡ ____________________

⑪ 33 ÷ ☐ = 33

33 ÷ ☐ = 11

33 ÷ ☐ = 3

33 ÷ ☐ = 1

33의 약수 ➡ ____________________

⑫ 35 ÷ ☐ = 35

35 ÷ ☐ = 7

35 ÷ ☐ = 5

35 ÷ ☐ = 1

35의 약수 ➡ ____________________

어떤 수든 약수들의 곱으로 나타낼 수 있어.

03 곱셈을 이용하여 약수 구하기

● ☐ 안에 알맞은 수를 쓰고 약수를 구해 보세요.

① 곱한 두 수가 모두 6의 약수예요.

1 × 6 = 6

2 × 3 = 6

6의 약수 ➡ 1, 2, 3, 6

② 곱한 두 수가 모두 14의 약수예요.

1 × ☐ = 14

2 × ☐ = 14

14의 약수 ➡ ______

③ 1 × ☐ = 12

2 × ☐ = 12

3 × ☐ = 12

12의 약수 ➡ ______

④ 1 × ☐ = 18

2 × ☐ = 18

3 × ☐ = 18

18의 약수 ➡ ______

⑤ 1 × ☐ = 24

2 × ☐ = 24

3 × ☐ = 24

4 × ☐ = 24

24의 약수 ➡ ______

⑥ 1 × ☐ = 30

2 × ☐ = 30

3 × ☐ = 30

5 × ☐ = 30

30의 약수 ➡ ______

⑦ 1 × ☐ = 45

3 × ☐ = 45

5 × ☐ = 45

45의 약수 ➡ ______

중학생이 되면 약수 대신 인수라고 부르기도 해.
중등

자연수 a, b, c에 대하여
$a=b\times c$일 때
b, c를 a의 인수라고 합니다.

N 04 약수 구하기 N 곱셈이나 나눗셈을 이용해서 약수를 구해 봐!

● 약수를 모두 구해 보세요.

① 6의 약수

② 9의 약수

➡ ____________________

9÷1=9, 9÷3=3, 9÷9=1

③ 5의 약수

➡ ____________________

④ 12의 약수

➡ ____________________

⑤ 15의 약수

➡ ____________________

⑥ 23의 약수

➡ ____________________

⑦ 28의 약수

➡ ____________________

⑧ 25의 약수

➡ ____________________

⑨ 39의 약수

➡ ____________________

⑩ 36의 약수

➡ ____________________

⑪ 35의 약수

➡ ____________________

⑫ 44의 약수

➡ ____________________

⑬ 48의 약수

➡ ____________________

⑭ 40의 약수

➡ ____________________

어떤 수의 약수는
어떤 수보다 클 수 없어요.
, 50

⑮ 50의 약수

➡ ______, 50

⑯ 54의 약수

➡ ______

⑰ 51의 약수

➡ ______

⑱ 60의 약수

➡ ______

⑲ 65의 약수

➡ ______

⑳ 63의 약수

➡ ______

㉑ 64의 약수

➡ ______

㉒ 75의 약수

➡ ______

㉓ 70의 약수

➡ ______

㉔ 88의 약수

➡ ______

㉕ 80의 약수

➡ ______

㉖ 81의 약수

➡ ______

㉗ 91의 약수

➡ ______

㉘ 95의 약수

➡ ______

수의 원리

N05 약수의 개수 구하기

수가 크다고 약수가 많은 것은 아니야.

● 약수를 모두 쓰고 약수의 개수를 구해 보세요.

① 2의 약수 ➡ 1, 2

개수 ➡ 2개

2÷①=2
2÷②=1로 2개예요.

② 3의 약수 ➡

개수 ➡

③ 4의 약수 ➡

개수 ➡

④ 5의 약수 ➡

개수 ➡

⑤ 6의 약수 ➡

개수 ➡

⑥ 7의 약수 ➡

개수 ➡

⑦ 8의 약수 ➡

개수 ➡

⑧ 9의 약수 ➡

개수 ➡

⑨ 12의 약수 ➡

개수 ➡

⑩ 13의 약수 ➡

개수 ➡

⑪ 15의 약수 ➡

개수 ➡

⑫ 20의 약수 ➡

개수 ➡

06 약수가 2개인 수 찾기

● 약수가 2개인 수에 모두 ○표 하세요.

①

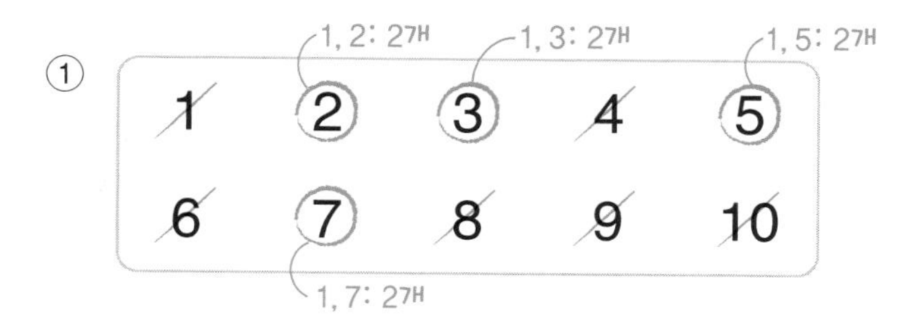

②

6	7	8	9	10
11	12	13	14	15

③

11	12	13	14
15	16	17	18

④

16	17	18	19
20	21	22	23

⑤

21	22	23	24
25	26	27	28

⑥

26	27	28	29
30	31	32	33

⑦

31	32	33	34
35	36	37	38

⑧

36	37	38	39
40	41	42	43

⑨

41	42	43	44
45	46	47	48

1과 자신의 수로만 나누어떨어지는 수를 통과시키는 판

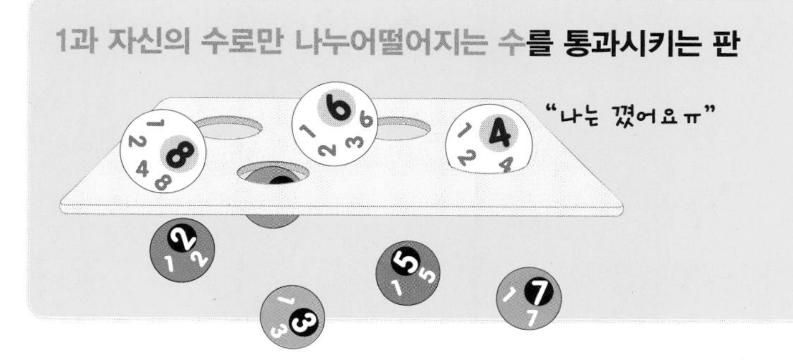

N07 몇 배 한 수 찾기

● ▢ 안의 수를 1배, 2배, 3배, ... 한 수에 색칠해 보세요.

① 2 — 1 2 3 4 5 6 7 8 9 10 11 12 13 14 15 16

2×1=2 2×2=4 2×3=6 2×4=8

② 3 — 1 2 3 4 5 6 7 8 9 10 11 12 13 14 15 16

③ 4 — 1 2 3 4 5 6 7 8 9 10 11 12 13 14 15 16

④ 5 — 1 2 3 4 5 6 7 8 9 10 11 12 13 14 15 16

⑤ 6 — 1 2 3 4 5 6 7 8 9 10 11 12 13 14 15 16

⑥ 7 — 1 2 3 4 5 6 7 8 9 10 11 12 13 14 15 16

⑦ 8 — 1 2 3 4 5 6 7 8 9 10 11 12 13 14 15 16

어떤 수를 1배, 2배, 3배, ... 한 수가 배수야.

08 곱셈을 이용하여 배수 구하기

● ☐ 안에 알맞은 수를 쓰고 배수를 작은 수부터 차례로 5개 써 보세요.

① $3\times1=$ 3 ❶ 3을 1배 한 수

$3\times2=$ 6 ❷ 3을 2배 한 수

$3\times3=$ 9 ❸ 3을 3배 한 수

3의 배수

⋮

3의 배수 ➡ 3, 6, 9, 12, 15

3을 4배 한 수 3을 5배 한 수

② $8\times1=$ ☐

$8\times2=$ ☐

$8\times3=$ ☐

8의 배수

⋮

8의 배수 ➡ ______

③ $4\times1=$ ☐

$4\times2=$ ☐

$4\times3=$ ☐

⋮

4의 배수 ➡ ______

④ $9\times1=$ ☐

$9\times2=$ ☐

$9\times3=$ ☐

⋮

9의 배수 ➡ ______

⑤ $6\times1=$ ☐

$6\times2=$ ☐

$6\times3=$ ☐

⋮

6의 배수 ➡ ______

⑥ $10\times1=$ ☐

$10\times2=$ ☐

$10\times3=$ ☐

⋮

10의 배수 ➡ ______

⑦ $12\times1=$ ☐

$12\times2=$ ☐

$12\times3=$ ☐

⋮

12의 배수 ➡ ______

⑧ $15\times1=$ ☐

$15\times2=$ ☐

$15\times3=$ ☐

⋮

15의 배수 ➡ ______

09 배수 구하기

곱셈을 이용하여 배수를 구해 봐!

● 배수를 가장 작은 수부터 차례로 6개 써 보세요.

① 2의 배수

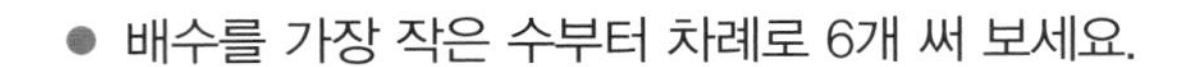

→ 2, 4, 6, 8, 10, 12 (2×2, 2×3, 2×4, 2×5, 2×6)

② 5의 배수

→ ______

③ 8의 배수

→ ______

④ 7의 배수

→ ______

⑤ 9의 배수

→ ______

⑥ 6의 배수

→ ______

⑦ 10의 배수

→ ______

⑧ 12의 배수

→ ______

⑨ 15의 배수

→ ______

⑩ 14의 배수

→ ______

⑪ 16의 배수

→ ______

⑫ 18의 배수

→ ______

⑬ 22의 배수

→ ______

⑭ 26의 배수

→ ______

⑮ 20의 배수

→ ______

⑯ 25의 배수

→ ______

⑰ 24의 배수

➡ ______________________

⑱ 28의 배수

➡ ______________________

⑲ 30의 배수

➡ ______________________

⑳ 32의 배수

➡ ______________________

㉑ 31의 배수

➡ ______________________

㉒ 35의 배수

➡ ______________________

㉓ 40의 배수

➡ ______________________

㉔ 44의 배수

➡ ______________________

㉕ 42의 배수

➡ ______________________

㉖ 50의 배수

➡ ______________________

㉗ 53의 배수

➡ ______________________

㉘ 60의 배수

➡ ______________________

나는 약수도 되고, 배수도 되지!

1 2 4 8 16 24 ...

8의 약수들 8의 배수들

10 배수 찾기N

○와 △가 겹치는 수가 공통인 배수겠지?

● 주어진 모양의 배수를 모두 찾아 각각 ○표, △표 하세요.

① 3의 배수: ○, 4의 배수: △

1	2	3	4	5	6	7	8
9	10	11	12	13	14	15	16
17	18	19	20	21	22	23	24
25	26	27	28	29	30	31	32
33	34	35	36	37	38	39	40

3의 배수도 되고 4의 배수도 돼요.

② 5의 배수: ○, 6의 배수: △

1	2	3	4	5	6	7	8
9	10	11	12	13	14	15	16
17	18	19	20	21	22	23	24
25	26	27	28	29	30	31	32
33	34	35	36	37	38	39	40

③ 9의 배수: ○, 12의 배수: △

11	12	13	14	15	16	17	18
19	20	21	22	23	24	25	26
27	28	29	30	31	32	33	34
35	36	37	38	39	40	41	42
43	44	45	46	47	48	49	50

④ 8의 배수: ○, 5의 배수: △

11	12	13	14	15	16	17	18
19	20	21	22	23	24	25	26
27	28	29	30	31	32	33	34
35	36	37	38	39	40	41	42
43	44	45	46	47	48	49	50

⑤ 6의 배수: ○, 9의 배수: △

31	32	33	34	35	36	37	38
39	40	41	42	43	44	45	46
47	48	49	50	51	52	53	54
55	56	57	58	59	60	61	62
63	64	65	66	67	68	69	70

⑥ 12의 배수: ○, 10의 배수: △

31	32	33	34	35	36	37	38
39	40	41	42	43	44	45	46
47	48	49	50	51	52	53	54
55	56	57	58	59	60	61	62
63	64	65	66	67	68	69	70

11 약수와 배수의 관계

● 약수와 배수의 관계인 두 수를 찾아 ○표 하세요.

① 16 2 37

16은 2의 배수, 2는 16의 약수예요.

② 30 4 28

③ 3 15 22

④ 7 41 91

⑤ 48 28 8

⑥ 72 85 6

⑦ 9 49 63

⑧ 80 5 36

⑨ 12 33 11

⑩ 25 70 100

⑪ 15 80 75

⑫ 16 64 52

⑬ 90 18 60

⑭ 48 56 14

공부한 날: 월 일 5일차

N6 공약수와 최대공약수

두 수의 약수로 최대공약수를 구해.

● 8과 12의 최대공약수

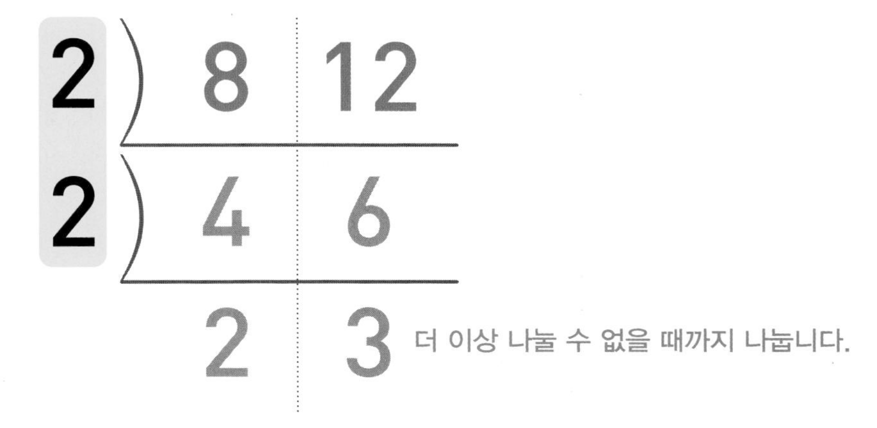

더 이상 나눌 수 없을 때까지 나눕니다.

$8 = 2 \times 2 \times 2$ $12 = 2 \times 2 \times 3$

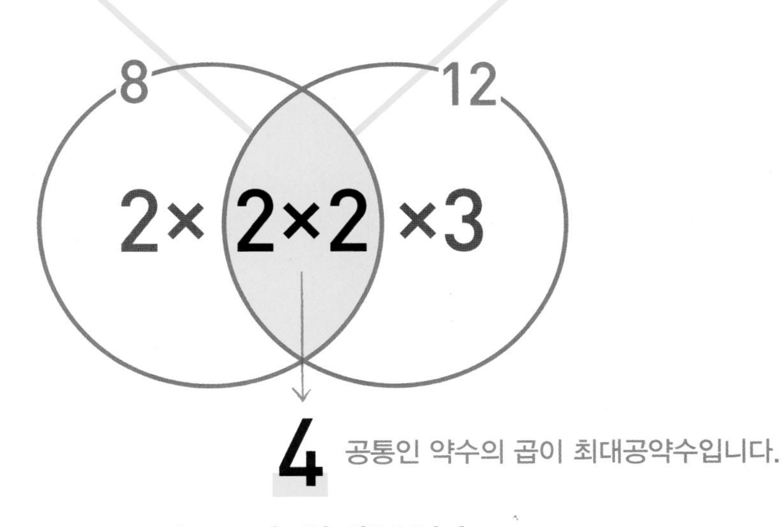

4 공통인 약수의 곱이 최대공약수입니다.

8과 12의 최대공약수

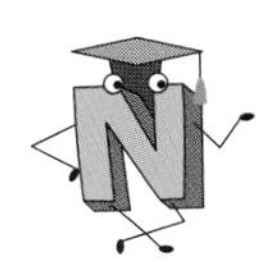

왜, 수를 곱셈식으로 나타낼까?

수를 '약수가 1과 자신뿐인 수'들의 곱으로 나타내면 어떤 수의 배수가 되는지, 어떤 약수를 가지는지 그 수를 속속들이 한눈에 알 수 있어. 그러니까 공통인 약수, 공통이 아닌 약수도 쉽게 찾을 수 있지!

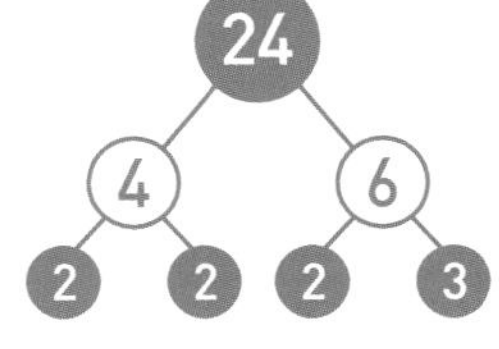

$24=2\times2\times2\times3$

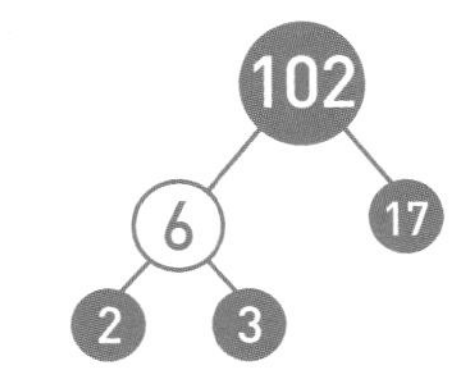

$102=2\times3\times17$

두 수의 약수 중 같은 수를 찾자.

N01 약수와 공약수 구하기

● 약수와 공약수를 각각 구해 보세요.

① 6의 약수: ①, 2, ③, 6

공통인 약수에 ○표 해요.

15의 약수: ①, ③, 5, 15

➡ 공약수: 1, 3

6과 15의 공통인 약수는 1, 3이에요.

② 8의 약수: ______

12의 약수: ______

➡ 공약수: ______

③ 15의 약수: ______

9의 약수: ______

➡ 공약수: ______

④ 14의 약수: ______

18의 약수: ______

➡ 공약수: ______

⑤ 12의 약수: ______

16의 약수: ______

➡ 공약수: ______

⑥ 15의 약수: ______

25의 약수: ______

➡ 공약수: ______

⑦ 32의 약수: ______

8의 약수: ______

➡ 공약수: ______

⑧ 27의 약수: ______

21의 약수: ______

➡ 공약수: ______

⑨ 16의 약수: ______

20의 약수: ______

➡ 공약수: ______

⑩ 36의 약수: ______

24의 약수: ______

➡ 공약수: ______

곱셈식에 들어 있는 수들이 약수란다.

02 두 수의 곱을 이용하여 공약수 구하기

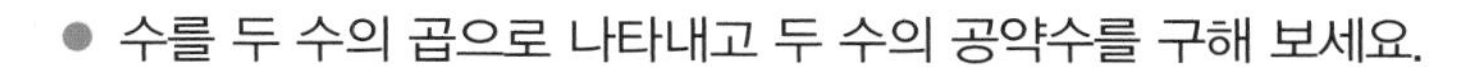

● 수를 두 수의 곱으로 나타내고 두 수의 공약수를 구해 보세요.

① 공통으로 들어 있는 수를 찾아요.

6 = (1)×6　　15 = (1)×15

6 = 2×(3)　　15 = (3)×5

➡ 공약수: 1, 3

공통으로 들어 있는 수는 1, 3이에요.

② 4 = ______　　6 = ______

4 = ______　　6 = ______

➡ 공약수: ______

③ 14 = ______　　8 = ______

14 = ______　　8 = ______

➡ 공약수: ______

④ 10 = ______　　15 = ______

10 = ______　　15 = ______

➡ 공약수: ______

⑤ 12 = ______　　18 = ______

12 = ______　　18 = ______

12 = ______　　18 = ______

➡ 공약수: ______

⑥ 16 = ______　　12 = ______

16 = ______　　12 = ______

16 = ______　　12 = ______

➡ 공약수: ______

⑦ 20 = ______　　16 = ______

20 = ______　　16 = ______

20 = ______　　16 = ______

➡ 공약수: ______

⑧ 28 = ______　　32 = ______

28 = ______　　32 = ______

28 = ______　　32 = ______

➡ 공약수: ______

⑨ 18 = ______　　63 = ______

18 = ______　　63 = ______

18 = ______　　63 = ______

➡ 공약수: ______

⑩ 45 = ______　　20 = ______

45 = ______　　20 = ______

45 = ______　　20 = ______

➡ 공약수: ______

N 03 공약수 구하기

각 수의 약수를 먼저 구해야 알 수 있어.

● 두 수의 공약수를 구해 보세요.

① (6, 9) ①×6=2×③ ①×9=③×③

➡ 1, 3

공통으로 들어 있는 수는 1, 3이에요.

② (10, 6)

➡

③ (4, 8)

➡

④ (12, 18)

➡

⑤ (8, 20)

➡

⑥ (9, 15)

➡

⑦ (12, 6)

➡

⑧ (8, 28)

➡

⑨ (16, 6)

➡

⑩ (9, 27)

➡

⑪ (18, 4)

➡

⑫ (21, 9)

➡

⑬ (16, 12)

➡

⑭ (10, 20)

➡

⑮ (18, 21)

➡ ______________________

⑯ (18, 24)

➡ ______________________

⑰ (15, 27)

➡ ______________________

⑱ (32, 16)

➡ ______________________

⑲ (42, 14)

➡ ______________________

⑳ (28, 35)

➡ ______________________

㉑ (15, 20)

➡ ______________________

㉒ (10, 15)

➡ ______________________

㉓ (45, 60)

➡ ______________________

㉔ (40, 72)

➡ ______________________

㉕ (36, 40)

➡ ______________________

㉖ (18, 36)

➡ ______________________

㉗ (24, 60)

➡ ______________________

㉘ (75, 50)

➡ ______________________

그림에서 겹치는 부분이 두 수의 공약수가 들어갈 자리야.

N04 약수와 공약수를 그림 안에 쓰기

● 수의 약수와 두 수의 공약수를 그림 안에 알맞게 써 보세요.

6 = ①×6 = 2×③   15 = ①×15 = ③×5

①
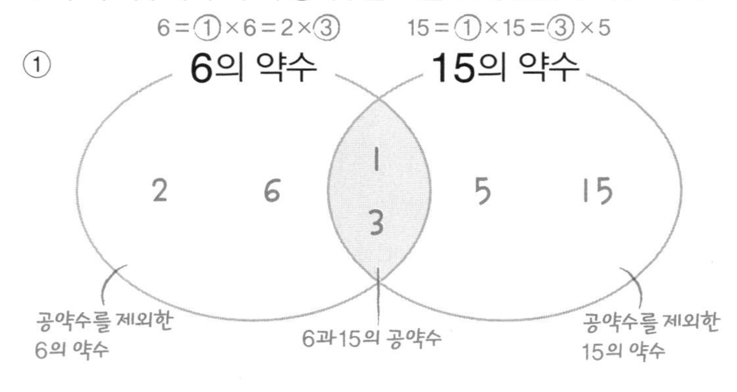

②
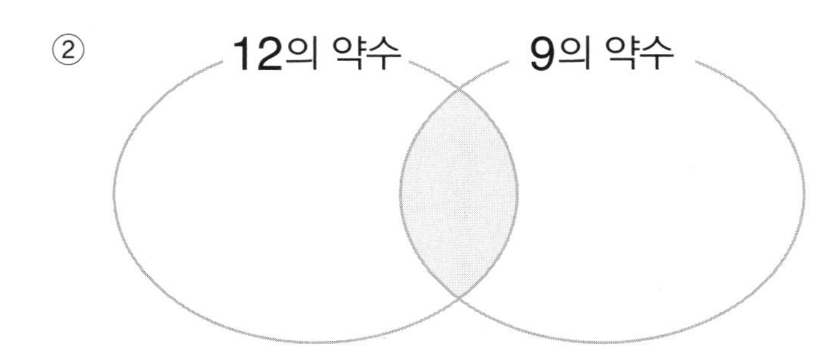

③
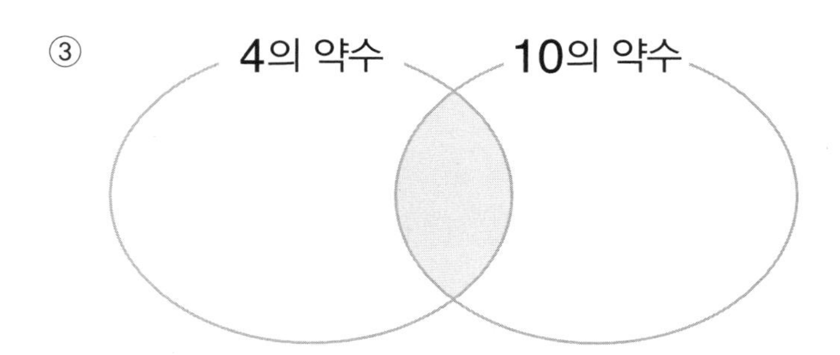

④
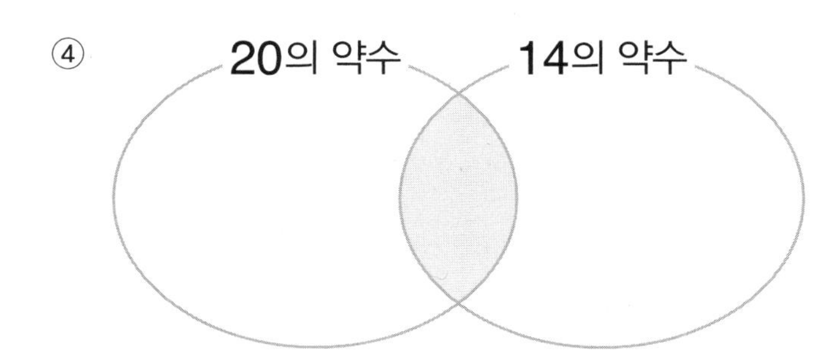

⑤
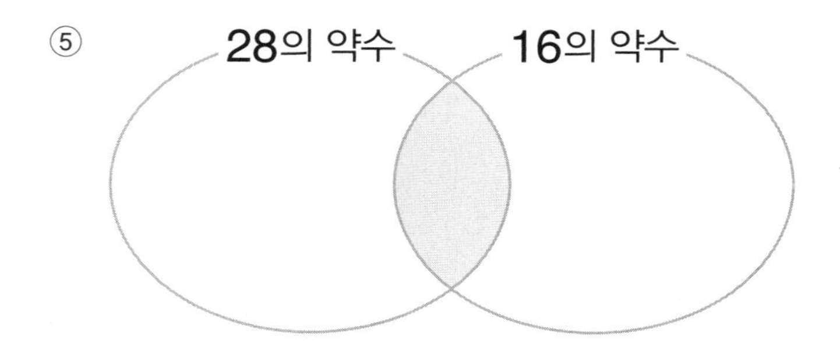

⑥
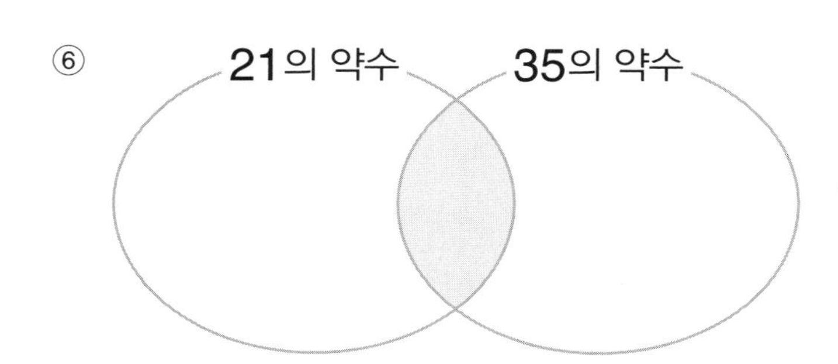

⑦
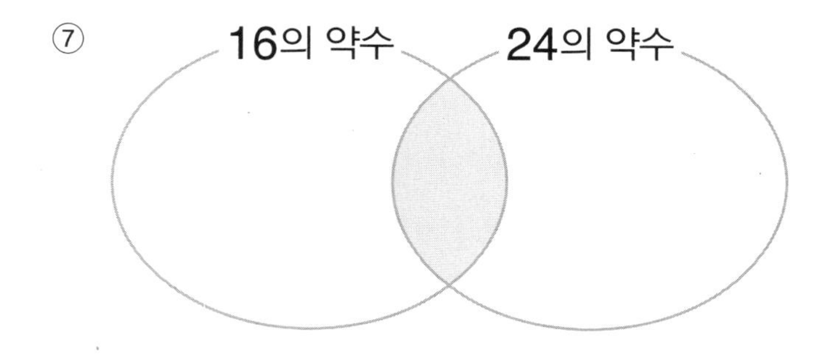

⑧
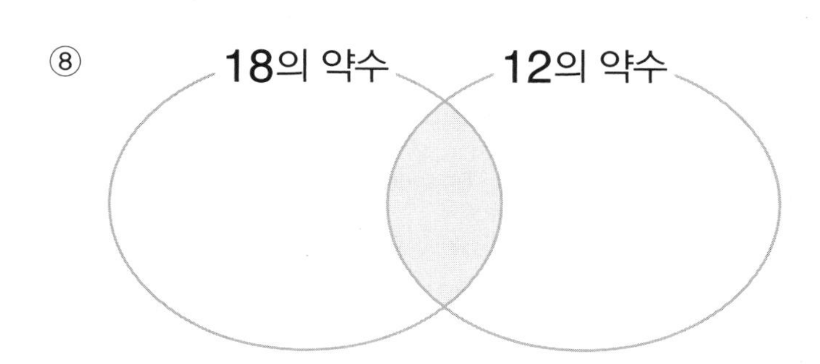

약수가 1과 자신뿐인 수는 2, 3, 5, 7, ... 등이 있어.

05 수를 분해하여 곱으로 나타내기

● 수를 '약수가 1과 자신뿐인 수'의 곱으로 나타내 보세요.

① $8 = 2 \times 4 = 2\times2\times2$

❶ 8은 2와 4의 곱

2×2

❷ 4는 2와 2의 곱

② $12 = 2 \times \square = $ ______

$2 \times \square$

곱으로 나타낼 때는 작은 수부터 써요.

③ $20 = 2 \times \square = $ ______

$2 \times \square$

④ $27 = 3 \times \square = $ ______

$3 \times \square$

⑤ $28 = 2 \times \square = $ ______

$\square \times \square$

⑥ $30 = 2 \times \square = $ ______

$3 \times \square$

⑦ $42 = 2 \times \square = $ ______

$3 \times \square$

⑧ $45 = 3 \times \square = $ ______

$\square \times \square$

⑨ $24 = 2 \times \square = $ ______

$2 \times \square$

$\square \times \square$

우리는 더 이상 나누어떨어지지 않아!
약수가 1과 자신뿐이거든!

2 3 13 5 7 19... 11 17

"망했어ㅠ"

"도저히 깰 수 없어~"

수의 성질

N06 곱으로 나타내 최대공약수 구하기

● 수를 '약수가 1과 자신뿐인 수'의 곱으로 나타내고 두 수의 최대공약수를 구해 보세요.

① 8 = 2 × 2 × 2

12 = 2 × 2 × 3

➡ 최대공약수: 2 × 2 = 4

공통으로 들어 있는 수의 곱이 최대공약수예요.

② 30 = ______

18 = ______

➡ 최대공약수: ______

③ 18 = ______

24 = ______

➡ 최대공약수: ______

④ 20 = ______

12 = ______

➡ 최대공약수: ______

⑤ 16 = ______

24 = ______

➡ 최대공약수: ______

⑥ 24 = ______

36 = ______

➡ 최대공약수: ______

⑦ 36 = ______

60 = ______

➡ 최대공약수: ______

⑧ 42 = ______

28 = ______

➡ 최대공약수: ______

⑨ 48 = ______

72 = ______

➡ 최대공약수: ______

⑩ 63 = ______

54 = ______

➡ 최대공약수: ______

공약수들의 곱이 최대공약수야.

N07 공약수로 나누어 최대공약수 구하기

● 공약수로 나누어 최대공약수를 구해 보세요.

18과 24의 공약수로 나눌 수 있을 때까지 나누어요.

① 

➡ $2 \times 3 = 6$

공약수들의 곱이 가장 큰 공약수예요.

②) 4 8

➡ ______

③) 30 20

➡ ______

④) 8 12

➡ ______

⑤) 20 18

➡ ______

⑥) 15 30

➡ ______

⑦) 15 50

➡ ______

⑧) 60 12

➡ ______

⑨) 12 44

➡ ______

⑩) 18 42

➡ ______

⑪) 88 16

➡ ______

⑫) 30 75

➡ ______

⑬ $\overline{)72 \quad 6}$

➡ ____________

⑭ $\overline{)36 \quad 24}$

➡ ____________

⑮ $\overline{)18 \quad 27}$

➡ ____________

⑯ $\overline{)72 \quad 54}$

➡ ____________

⑰ $\overline{)14 \quad 98}$

➡ ____________

⑱ $\overline{)28 \quad 36}$

➡ ____________

⑲ $\overline{)40 \quad 150}$

➡ ____________

⑳ $\overline{)45 \quad 27}$

➡ ____________

㉑ $\overline{)56 \quad 72}$

➡ ____________

㉒ $\overline{)64 \quad 72}$

➡ ____________

㉓ $\overline{)48 \quad 54}$

➡ ____________

㉔ $\overline{)90 \quad 60}$

➡ ____________

두 수를 곱셈으로 나타내거나 공약수로 나누어 봐.

08 최대공약수 구하는 연습

● 두 수의 최대공약수를 구해 보세요.

① (24, 28)

➡ 4

방법 ❶ 24=(2×2)×2×3
28=(2×2)×7

방법 ❷ 2) 24　28
2) 12　14
6　7 ➡ 2×2=4

② (9, 27)

➡ ______

③ (16, 24)

➡ ______

④ (33, 12)

➡ ______

⑤ (6, 45)

➡ ______

⑥ (24, 39)

➡ ______

⑦ (18, 45)

➡ ______

⑧ (56, 14)

➡ ______

⑨ (16, 18)

➡ ______

⑩ (48, 32)

➡ ______

⑪ (32, 56)

➡ ______

⑫ (54, 72)

➡ ______

⑬ (52, 40)

➡ ______

⑭ (12, 9)

➡ ______

⑮ (42, 48)

➡ ______

⑯ (12, 18)

➡ ______

⑰ (18, 27)

➡ ______

⑱ (36, 30)

➡ ______

두 수를 곱셈으로 나타내거나 공약수로 나누어 봐.

⑲ (12, 28)

➡ ____________

⑳ (42, 36)

➡ ____________

㉑ (45, 27)

➡ ____________

㉒ (30, 20)

➡ ____________

㉓ (8, 20)

➡ ____________

㉔ (12, 42)

➡ ____________

㉕ (12, 8)

➡ ____________

㉖ (42, 72)

➡ ____________

㉗ (21, 35)

➡ ____________

㉘ (65, 26)

➡ ____________

㉙ (12, 36)

➡ ____________

㉚ (20, 28)

➡ ____________

최소공약수는 항상 1이니까
구할 필요 없어.

8과 16의 공약수

㉛ (56, 24)

➡ ____________

㉜ (96, 54)

➡ ____________

09 최대공약수로 공약수 구하기

● 최대공약수를 먼저 구한 다음 공약수를 구해 보세요.

최대공약수는 공약수 중 가장 큰 수니까
최대공약수의 약수가 공약수예요.

수	최대공약수	최대공약수의 약수	(=) 공약수
① 15, 20	⑤) 15 20 / 3 4 → 5	5의 약수: 1, 5	15와 20의 공약수: 1, 5
② 4, 18			
③ 9, 12			
④ 14, 21			
⑤ 16, 12			
⑥ 12, 18			
⑦ 40, 16			
⑧ 18, 42			
⑨ 50, 30			
⑩ 20, 36			
⑪ 24, 30			
⑫ 30, 45			
⑬ 48, 32			
⑭ 36, 45			
⑮ 40, 36			
⑯ 48, 56			

N7 공배수와 최소공배수

두 수의 약수로 최소공배수를 구해.

● **8과 12의 최소공배수**

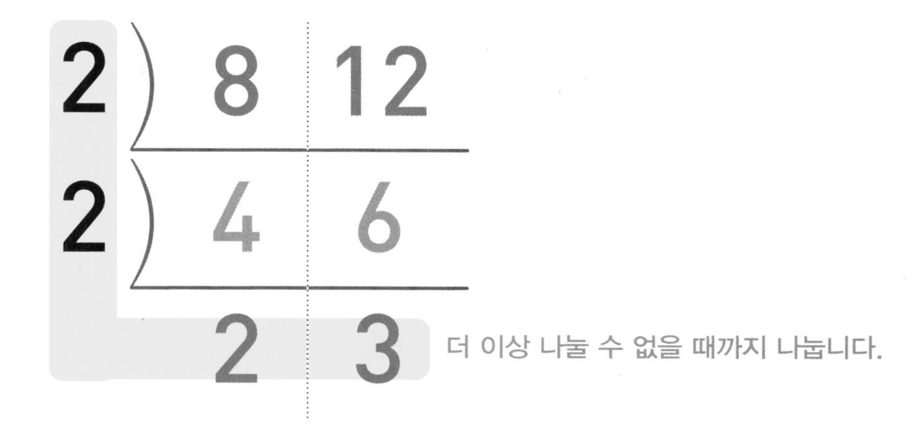

2) 8 12
2) 4 6
2 3
더 이상 나눌 수 없을 때까지 나눕니다.

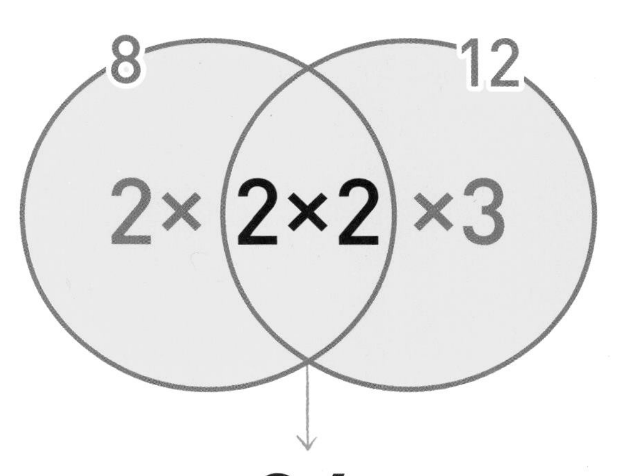

24 공통인 약수와 공통이 아닌 약수의 곱이 최소공배수입니다.

8과 12의 최소공배수

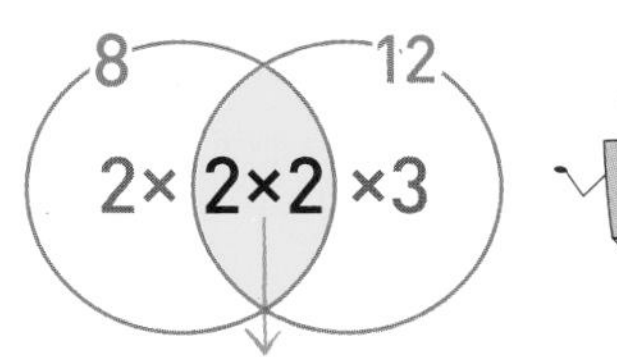

"최소공배수는 두 수의 최대공약수(2×2)에 공통이 아닌 약수(2, 3)를 곱한 것과 같아."

두 수의 배수 중 같은 수를 찾자.

N01 배수와 공배수 구하기

● 배수를 쓰고 공배수를 작은 수부터 차례로 3개를 찾아 써 보세요.

공통인 배수에 ○표를 해요.

① 2의 배수: 2, 4, (6), 8, 10, (12), 14, 16, (18), ...
3의 배수: 3, (6), 9, (12), 15, (18), 21, 24, ...
➡ 공배수: 6, 12, 18
2와 3의 공통인 배수는 6의 배수예요.

② 3의 배수: ______
4의 배수: ______
➡ 공배수: ______

③ 4의 배수: ______
6의 배수: ______
➡ 공배수: ______

④ 2의 배수: ______
8의 배수: ______
➡ 공배수: ______

⑤ 6의 배수: ______
8의 배수: ______
➡ 공배수: ______

⑥ 2의 배수: ______
5의 배수: ______
➡ 공배수: ______

⑦ 9의 배수: ______
6의 배수: ______
➡ 공배수: ______

02 공배수 구하기

각 수의 배수를 먼저 생각해 봐야겠지?

● 두 수의 공배수를 작은 수부터 차례로 4개를 써 보세요.

① (4, 5)

4, 8, 12, 16, 20, 24, ...
5, 10, 15, 20, 25, ...

➡ 20, 40, 60, 80

공배수는 20의 배수예요.

② (3, 5)

➡

③ (5, 2)

➡

④ (3, 8)

➡

⑤ (6, 10)

➡

⑥ (12, 8)

➡

⑦ (8, 20)

➡

⑧ (12, 36)

➡

⑨ (9, 15)

➡

⑩ (16, 12)

➡

⑪ (4, 10)

➡

⑫ (12, 6)

➡

⑬ (15, 10)

➡

⑭ (8, 10)

➡

그림에서 겹치는 부분이 두 수의 공배수가 들어갈 자리야.

N03 배수와 공배수를 그림 안에 쓰기

● 두 수의 공배수를 2개 찾을 때까지 배수를 구하여 그림 안에 알맞게 써 보세요.

① 2, 4, ⑥, 8, 10, ⑫, 14, ... 3, ⑥, 9, ⑫, 15, ...

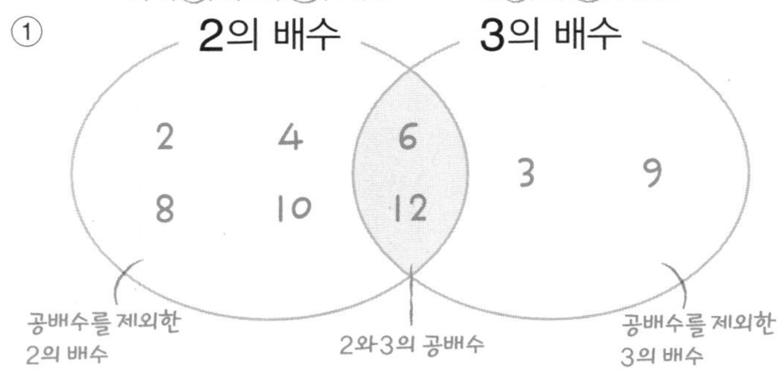

②

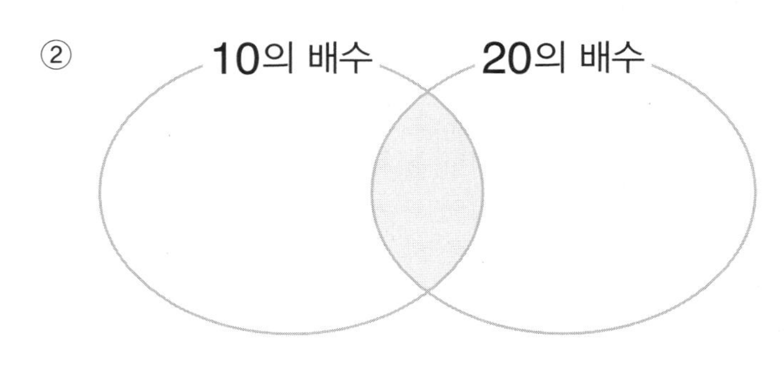

③ 9의 배수 6의 배수

④

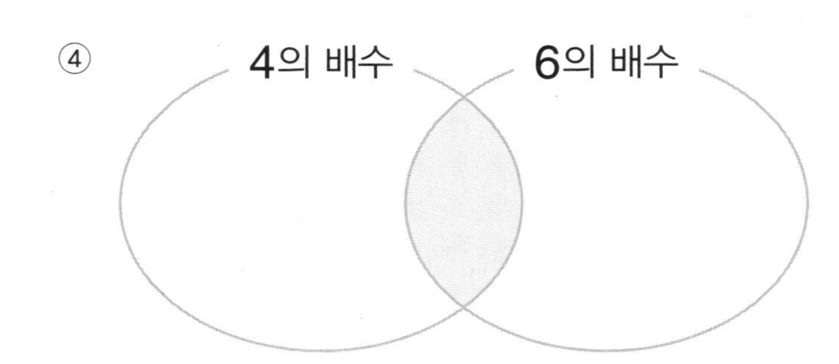

⑤ 4의 배수 8의 배수

⑥

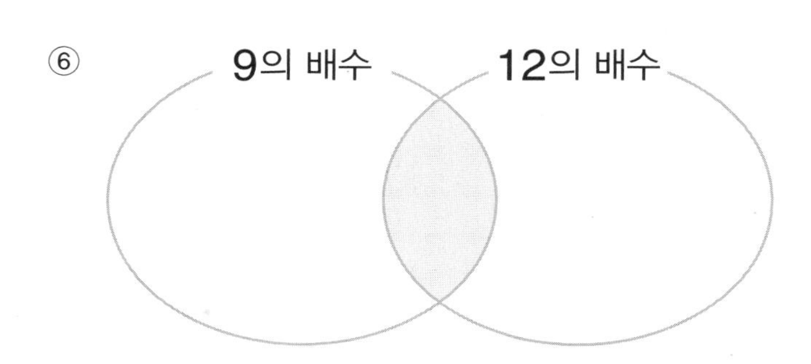

⑦ 15의 배수 10의 배수

⑧

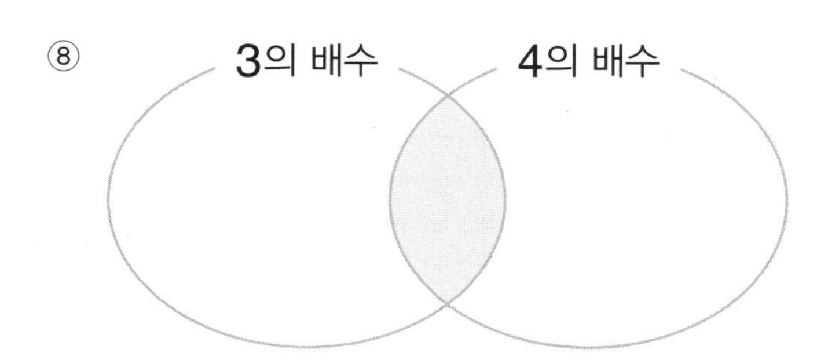

약수가 1과 자신뿐인 수는 2, 3, 5, 7, ... 등이 있어.

N04 수를 분해하여 곱으로 나타내기

● 수를 '약수가 1과 자신뿐인 수'의 곱으로 나타내 보세요.

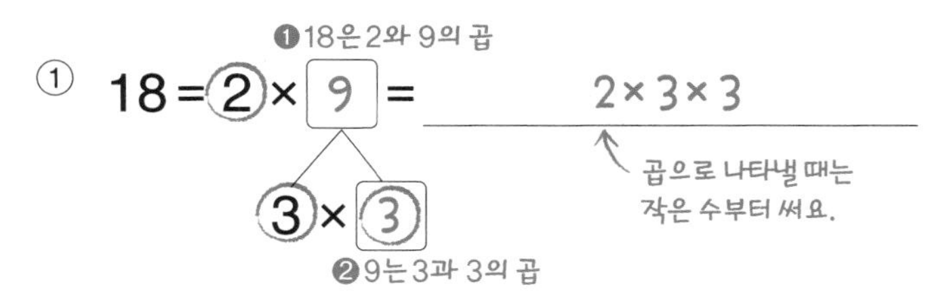

❶18은 2와 9의 곱
① 18 = 2 × 9 = 2×3×3
3 × 3
❷9는 3과 3의 곱
곱으로 나타낼 때는 작은 수부터 써요.

② 44 = 2 × ☐ = ______
2 × ☐

③ 50 = 2 × ☐ = ______
5 × ☐

④ 52 = 2 × ☐ = ______
2 × ☐

⑤ 66 = 2 × ☐ = ______
3 × ☐

⑥ 16 = 2 × ☐ = ______
2 × ☐
2 × ☐

⑦ 40 = 2 × ☐ = ______
2 × ☐
2 × ☐

⑧ 54 = 2 × ☐ = ______
3 × ☐
3 × ☐

⑨ 56 = 2 × ☐ = ______
2 × ☐
2 × ☐

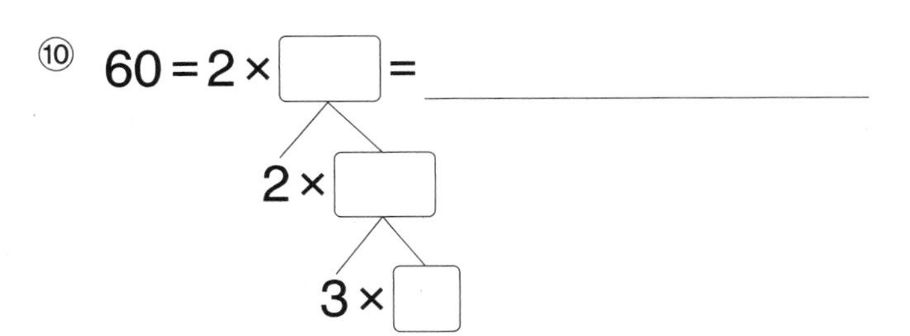

⑩ 60 = 2 × ☐ = ______
2 × ☐
3 × ☐

공약수에 공통이 아닌 수를 곱하면 최소공배수를 구할 수 있어.

N 05 곱으로 나타내 최소공배수 구하기

● 수를 '약수가 1과 자신뿐인 수'의 곱으로 나타내고 두 수의 최소공배수를 구해 보세요.

① 4 = 2 × 2

8 = 2 × 2 × 2

➡ 최소공배수: 2 × 2 × 2 = 8

공통인 수에 공통이 아닌 수를 곱하면 최소공배수예요.

② 9 =

6 =

➡ 최소공배수:

③ 4 =

10 =

➡ 최소공배수:

④ 6 =

18 =

➡ 최소공배수:

⑤ 8 =

12 =

➡ 최소공배수:

⑥ 30 =

12 =

➡ 최소공배수:

⑦ 15 =

9 =

➡ 최소공배수:

⑧ 12 =

18 =

➡ 최소공배수:

최대공배수를 구할 수 있겠니?

못 구할걸? 배수는 무수히 많으니까.

나는 가장 작으니까 최소공배수!

4와 6의 공배수

12 24 36 48 60 ⋯

+12 +12 +12 +12

⑨ 18 =

27 =

➡ 최소공배수:

나누기로 두 수의 공약수와 공통이 아닌 약수를 구해.

N06 공약수로 나누어 최소공배수 구하기

● 공약수로 나누어 최소공배수를 구해 보세요.

16과 24의 공약수로 나눌 수 있을 때까지 나누어요.

① 2) 16 24
2) 8 12
2) 4 6
공약수 2 3 ← 공통이 아닌 약수

→ $2 \times 2 \times 2 \times 2 \times 3 = 48$

공약수와 공통이 아닌 약수의 곱

②) 9 15

→ ______

③) 15 6

→ ______

④) 9 24

→ ______

⑤) 22 44

→ ______

⑥) 16 20

→ ______

⑦) 18 15

→ ______

⑧) 9 48

→ ______

⑨) 6 24

→ ______

⑩) 12 8

→ ______

⑪) 16 18

→ ______

⑫) 24 36

→ ______

⑬ $\overline{)15\quad 30}$

➡ ______

⑭ $\overline{)27\quad 45}$

➡ ______

⑮ $\overline{)15\quad 12}$

➡ ______

⑯ $\overline{)35\quad 45}$

➡ ______

⑰ $\overline{)40\quad 15}$

➡ ______

⑱ $\overline{)45\quad 40}$

➡ ______

⑲ $\overline{)18\quad 30}$

➡ ______

⑳ $\overline{)30\quad 40}$

➡ ______

㉑ $\overline{)44\quad 16}$

➡ ______

㉒ $\overline{)42\quad 45}$

➡ ______

㉓ $\overline{)32\quad 40}$

➡ ______

㉔ $\overline{)56\quad 42}$

➡ ______

두 수의 공약수와 공통이 아닌 약수를 찾으면 구할 수 있어.

N07 최소공배수 구하는 연습

● 두 수의 최소공배수를 구해 보세요.

① (12, 27)

➡ 108

방법 ❶ $12 = 2 \times 2 \times (3)$
$27 = 3 \times 3 \times (3)$ ➡ $3 \times 2 \times 2 \times 3 \times 3 = 108$

방법 ❷ ③) 12 27
4 9 ➡ $3 \times 4 \times 9 = 108$

② (3, 9)

➡

③ (14, 9)

➡

④ (10, 16)

➡

⑤ (4, 16)

➡

⑥ (2, 10)

➡

⑦ (16, 8)

➡

⑧ (21, 6)

➡

⑨ (9, 5)

➡

⑩ (32, 6)

➡

⑪ (8, 30)

➡

⑫ (30, 48)

➡

⑬ (18, 24)

➡

⑭ (25, 35)

➡

⑮ (50, 30)

➡

⑯ (51, 17)

➡

⑰ (26, 39)

➡

⑱ (20, 36)

➡

두 수의 공약수와 공통이 아닌 약수를 찾으면 구할 수 있어.

⑲ (32, 64)

→ __________

⑳ (24, 60)

→ __________

㉑ (40, 20)

→ __________

㉒ (27, 36)

→ __________

㉓ (12, 44)

→ __________

㉔ (28, 70)

→ __________

㉕ (21, 35)

→ __________

㉖ (48, 24)

→ __________

㉗ (18, 27)

→ __________

㉘ (15, 18)

→ __________

㉙ (16, 12)

→ __________

㉚ (18, 8)

→ __________

㉛ (42, 14)

→ __________

㉜ (36, 16)

→ __________

㉝ (20, 28)

→ __________

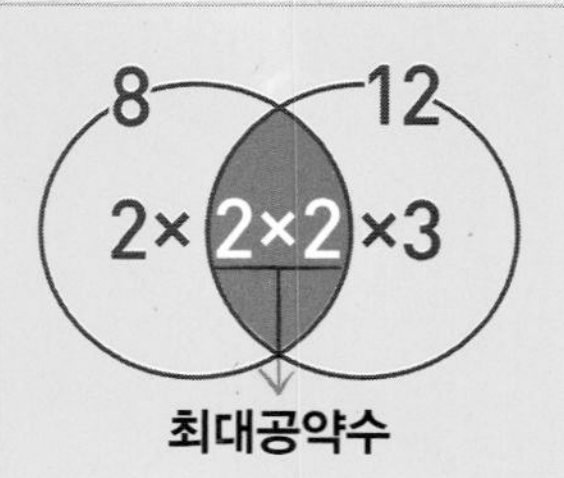

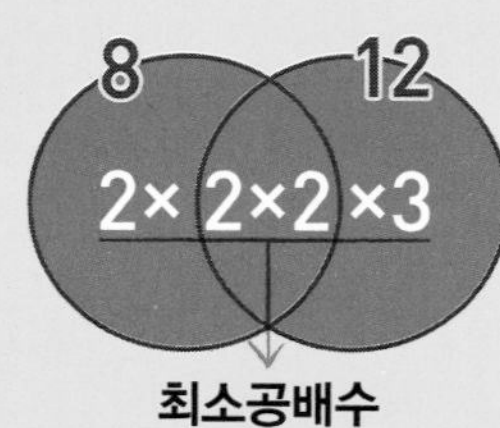

8=2×2×2,
12=2×2×3

㉞ (42, 28)

→ __________

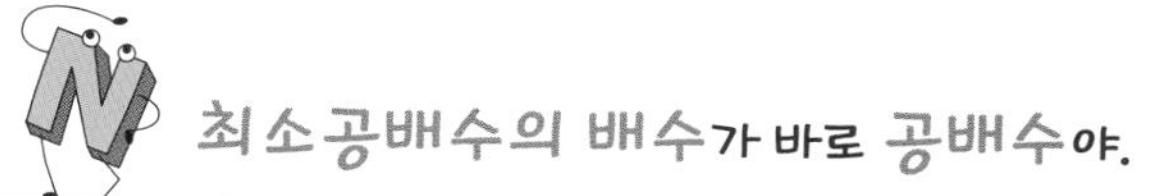

08 최소공배수로 공배수 구하기

● 최소공배수를 먼저 구한 다음 공배수를 작은 수부터 차례로 3개 써 보세요.

최소공배수는 공배수 중 가장 작은 수니까
최소공배수의 배수가 공배수예요.

수	최소공배수	최소공배수의 배수	= 공배수
① 6, 9 (3) 6 9 / 2 3)	18	18의 배수: 18, 36, 54, ...	(18), 36, 54 → 6과 9의 공배수
② 2, 24			
③ 4, 18			
④ 6, 8			
⑤ 6, 10			
⑥ 7, 28			
⑦ 8, 12			
⑧ 9, 21			
⑨ 9, 24			
⑩ 12, 16			
⑪ 12, 30			
⑫ 14, 21			
⑬ 15, 20			
⑭ 16, 10			
⑮ 18, 20			
⑯ 21, 35			

N8 약분

분모와 분자를 그들의 공약수로 나누어 간단히 하는 것을 '약분'이라고 해.

● $\frac{12}{18}$의 약분

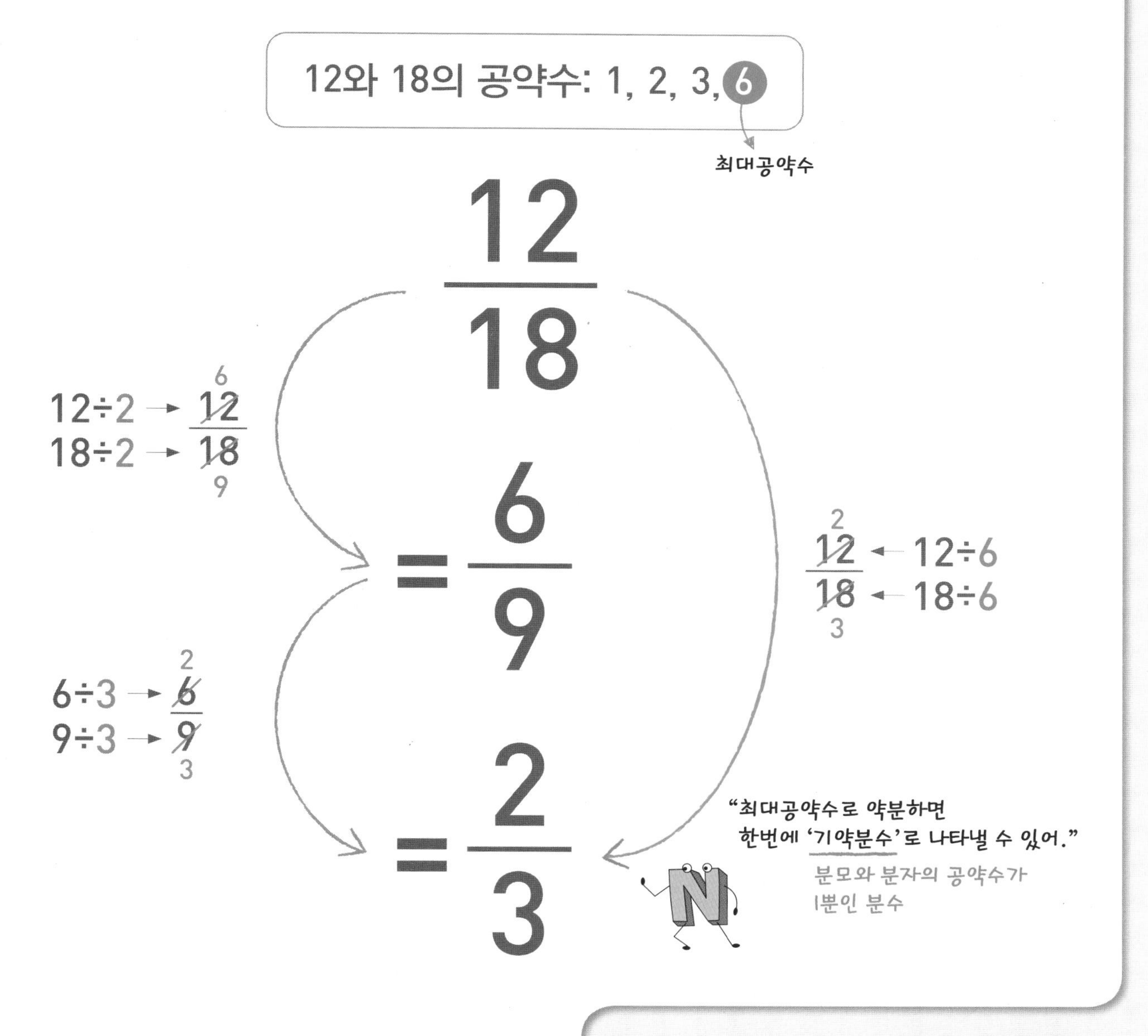

$$\frac{12}{18} = \frac{6}{9} = \frac{2}{3}$$

"최대공약수로 약분하면
한번에 '기약분수'로 나타낼 수 있어."

"약분을 하면 크기가 같은 분수를 간단히 나타낼 수 있어."

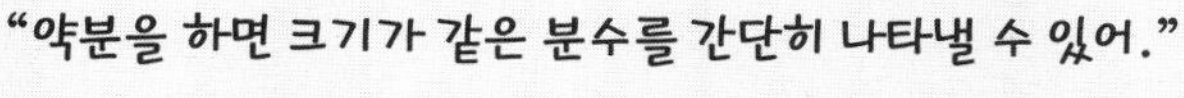
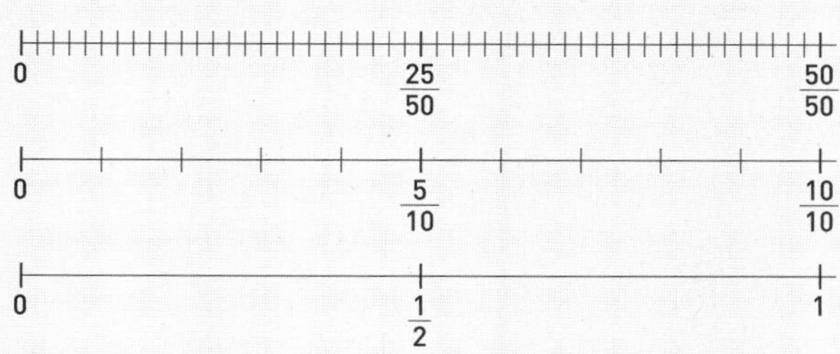

분모와 분자에 0이 아닌 같은 수를 곱해도 그 크기가 변하지 않아.

N01 곱해서 크기가 같은 분수 만들기

● 분모와 분자에 0이 아닌 같은 수를 곱하여 크기가 같은 분수를 5개 만들어 보세요.

① $\frac{1}{2}=$ 예 $\frac{1\times2}{2\times2}=\frac{1\times3}{2\times3}=\frac{1\times4}{2\times4}=\frac{1\times5}{2\times5}=\frac{1\times6}{2\times6}$ ➡ 예 $\frac{2}{4}, \frac{3}{6}, \frac{4}{8}, \frac{5}{10}, \frac{6}{12}$

0 1
0 1
➡ $\frac{1}{2}$과 $\frac{2}{4}$의 크기는 같아요.

② $\frac{2}{3}=$ ➡

③ $\frac{1}{4}=$ ➡

④ $\frac{2}{5}=$ ➡

⑤ $\frac{5}{6}=$ ➡

⑥ $\frac{3}{7}=$ ➡

⑦ $\frac{4}{9}=$ ➡

⑧ $\frac{7}{10}=$ ➡

분모와 분자를 0이 아닌 같은 수로 나누어도 그 크기가 변하지 않아.

N02 나누어서 크기가 같은 분수 만들기

● 분모와 분자를 0이 아닌 같은 수로 나누어 크기가 같은 분수를 모두 만들어 보세요.

20의 약수: ①, ②, 4, ⑤, ⑩, 20

① $\frac{20}{30} = \frac{20 \div 2}{30 \div 2} = \frac{20 \div 5}{30 \div 5} = \frac{20 \div 10}{30 \div 10}$ ➡ $\frac{10}{15}, \frac{4}{6}, \frac{2}{3}$

분모와 분자를 공약수로 나눌 수 있어요.

30의 약수: ①, ②, 3, ⑤, 6, ⑩, 15, 30

② $\frac{6}{8} =$ ➡

③ $\frac{12}{24} =$ ➡

④ $\frac{12}{28} =$ ➡

⑤ $\frac{18}{24} =$ ➡

⑥ $\frac{12}{30} =$ ➡

⑦ $\frac{32}{48} =$ ➡

⑧ $\frac{16}{72} =$ ➡

N03 공약수로 약분하기

분모와 분자의 공약수로 나누어 간단한 분수로 만들 수 있어.

● 분모와 분자를 주어진 공약수로 약분해 보세요.

① 공약수 2

분모와 분자를 각각 공약수로 나누어요.

$\frac{4}{6}$ → $\frac{2}{3}$ ($\frac{4 \div 2}{6 \div 2} = \frac{2}{3}$)

$\frac{6}{8}$ → $\frac{3}{4}$ ($\frac{6 \div 2}{8 \div 2} = \frac{3}{4}$)

$\frac{10}{12}$ →

$\frac{8}{10}$ →

$\frac{12}{14}$ →

② 공약수 3

$\frac{9}{12}$ →

$\frac{3}{9}$ →

$\frac{3}{12}$ →

$\frac{15}{18}$ →

$\frac{6}{21}$ →

③ 공약수 4

$\frac{8}{12}$ →

$\frac{12}{16}$ →

$\frac{8}{20}$ →

$\frac{20}{24}$ →

$\frac{16}{36}$ →

④ 공약수 5

$\frac{10}{15}$ →

$\frac{25}{30}$ →

$\frac{20}{35}$ →

$\frac{15}{40}$ →

$\frac{35}{45}$ →

⑤ 공약수 6

$\frac{6}{12}$ →

$\frac{18}{24}$ →

$\frac{30}{36}$ →

$\frac{30}{42}$ →

$\frac{42}{72}$ →

⑥ 공약수 7

$\frac{7}{21}$ →

$\frac{14}{35}$ →

$\frac{21}{28}$ →

$\frac{35}{42}$ →

$\frac{49}{63}$ →

⑦ 공약수 6

$\frac{6}{36}$ ➜

$\frac{30}{48}$ ➜

$\frac{18}{60}$ ➜

$\frac{54}{66}$ ➜

$\frac{78}{90}$ ➜

⑧ 공약수 7

$\frac{7}{28}$ ➜

$\frac{35}{49}$ ➜

$\frac{21}{56}$ ➜

$\frac{35}{63}$ ➜

$\frac{49}{84}$ ➜

⑨ 공약수 8

$\frac{8}{24}$ ➜

$\frac{24}{56}$ ➜

$\frac{40}{64}$ ➜

$\frac{72}{88}$ ➜

$\frac{48}{136}$ ➜

⑩ 공약수 9

$\frac{9}{18}$ ➜

$\frac{27}{45}$ ➜

$\frac{45}{54}$ ➜

$\frac{36}{63}$ ➜

$\frac{72}{81}$ ➜

⑪ 공약수 11

$\frac{22}{33}$ ➜

$\frac{55}{88}$ ➜

$\frac{77}{99}$ ➜

$\frac{66}{121}$ ➜

$\frac{88}{143}$ ➜

⑫ 공약수 12

$\frac{12}{72}$ ➜

$\frac{24}{36}$ ➜

$\frac{36}{60}$ ➜

$\frac{48}{108}$ ➜

$\frac{84}{120}$ ➜

N04 분수를 약분하기

주어진 분모가 되려면 몇으로 약분해야 할까?

● 분수를 약분하여 나타내 보세요.

① $\frac{4}{8}$ ➡ $\frac{\boxed{2}}{4}$, $\frac{\boxed{1}}{2}$ ($\frac{4 \div 2}{8 \div 2}$, $\frac{4 \div 4}{8 \div 4}$) $\frac{4}{8}$, $\frac{2}{4}$, $\frac{1}{2}$은 모두 크기가 같아요.

② $\frac{8}{12}$ ➡ $\frac{\square}{6}$, $\frac{\square}{3}$

③ $\frac{6}{12}$ ➡ $\frac{\square}{6}$, $\frac{\square}{4}$, $\frac{\square}{2}$

④ $\frac{12}{28}$ ➡ $\frac{\square}{14}$, $\frac{\square}{7}$

⑤ $\frac{4}{16}$ ➡ $\frac{\square}{8}$, $\frac{\square}{4}$

⑥ $\frac{12}{18}$ ➡ $\frac{\square}{9}$, $\frac{\square}{6}$, $\frac{\square}{3}$

⑦ $\frac{21}{42}$ ➡ $\frac{\square}{14}$, $\frac{\square}{6}$, $\frac{\square}{2}$

⑧ $\frac{8}{16}$ ➡ $\frac{\square}{8}$, $\frac{\square}{4}$, $\frac{\square}{2}$

⑨ $\frac{4}{18}$ ➡ $\frac{\square}{9}$

⑩ $\frac{9}{18}$ ➡ $\frac{\square}{6}$, $\frac{\square}{2}$

⑪ $\frac{8}{48}$ ➡ $\frac{\square}{24}$, $\frac{\square}{12}$, $\frac{\square}{6}$

⑫ $\frac{12}{15}$ ➡ $\frac{\square}{5}$

⑬ $\frac{16}{64}$ ➡ $\frac{\square}{32}$, $\frac{\square}{16}$, $\frac{\square}{8}$, $\frac{\square}{4}$

⑭ $\frac{16}{48}$ ➡ $\frac{\square}{24}$, $\frac{\square}{12}$, $\frac{\square}{6}$, $\frac{\square}{3}$

⑮ $1\frac{27}{63} \rightarrow 1\frac{\square}{21},\ 1\frac{\square}{7}$

자연수 부분은 그대로 두고
분수 부분만 약분해요.

⑯ $1\frac{8}{20} \rightarrow 1\frac{\square}{10},\ 1\frac{\square}{5}$

⑰ $1\frac{25}{40} \rightarrow 1\frac{\square}{8}$

⑱ $1\frac{6}{27} \rightarrow 1\frac{\square}{9}$

⑲ $2\frac{6}{36} \rightarrow 2\frac{\square}{18},\ 2\frac{\square}{12},\ 2\frac{\square}{6}$

⑳ $2\frac{8}{26} \rightarrow 2\frac{\square}{13}$

㉑ $2\frac{20}{36} \rightarrow 2\frac{\square}{18},\ 2\frac{\square}{9}$

㉒ $1\frac{6}{36} \rightarrow 1\frac{\square}{18},\ 1\frac{\square}{12},\ 1\frac{\square}{6}$

㉓ $3\frac{30}{36} \rightarrow 3\frac{\square}{18},\ 3\frac{\square}{12},\ 3\frac{\square}{6}$

㉔ $3\frac{14}{42} \rightarrow 3\frac{\square}{21},\ 3\frac{\square}{6},\ 3\frac{\square}{3}$

㉕ $2\frac{28}{40} \rightarrow 2\frac{\square}{20},\ 2\frac{\square}{10}$

㉖ $4\frac{6}{18} \rightarrow 4\frac{\square}{9},\ 4\frac{\square}{6},\ 4\frac{\square}{3}$

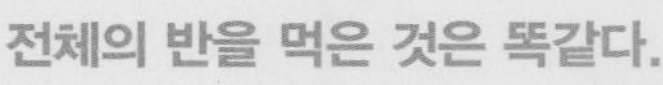

6조각 중의 3조각

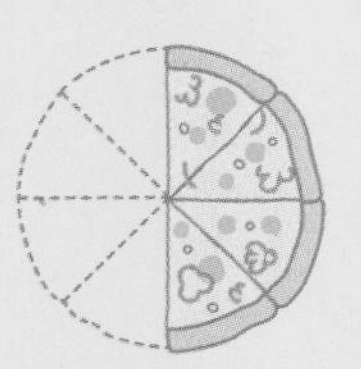
8조각 중의 4조각

분모와 분자를 두 수의 최대공약수로 나누면 약분을 여러 번 하지 않아도 돼.

N05 기약분수로 나타내기

● 분수를 기약분수로 나타내 보세요.

① 2와 14의 최대공약수인 2로 약분해요. $\frac{2}{14} = \frac{1}{7}$ 더이상 약분할 수 없는 분수가 기약분수야.

② $\frac{21}{33} =$

③ $\frac{3}{15} =$

④ 12와 20의 최대공약수로 약분해요. $\frac{12}{20} =$

⑤ $\frac{3}{12} =$

⑥ $\frac{48}{64} =$

⑦ $\frac{9}{12} =$

⑧ $\frac{30}{40} =$

⑨ $\frac{8}{18} =$

⑩ $\frac{16}{24} =$

⑪ $\frac{27}{36} =$

⑫ $\frac{24}{40} =$

⑬ $\frac{35}{55} =$

⑭ $\frac{30}{50} =$

⑮ $\frac{36}{42} =$

⑯ $\frac{12}{16} =$

⑰ $\frac{18}{30} =$

⑱ $\frac{15}{45} =$

⑲ $\frac{44}{66} =$

⑳ $\frac{12}{60} =$

㉑ $\frac{9}{15} =$

㉒ $\frac{18}{24} =$

㉓ $\frac{12}{30} =$

㉔ $\frac{32}{48} =$

㉕ $\frac{12}{28}=$

㉖ $\frac{30}{45}=$

㉗ $\frac{15}{30}=$

㉘ $\frac{30}{42}=$

㉙ $\frac{42}{70}=$

㉚ $\frac{36}{60}=$

㉛ $\frac{40}{70}=$

㉜ $\frac{14}{18}=$

㉝ $\frac{18}{27}=$

㉞ $\frac{21}{56}=$

㉟ $\frac{75}{90}=$

㊱ $\frac{32}{108}=$

㊲ $1\frac{20}{35}=$

㊳ $1\frac{25}{75}=$

㊴ $1\frac{14}{49}=$

㊵ $1\frac{24}{32}=$

㊶ $2\frac{6}{10}=$

㊷ $1\frac{4}{12}=$

㊸ $2\frac{44}{56}=$

㊹ $2\frac{32}{72}=$

㊺ $1\frac{42}{48}=$

㊻ $3\frac{12}{42}=$

㊼ $3\frac{28}{48}=$

㊽ $2\frac{32}{80}=$

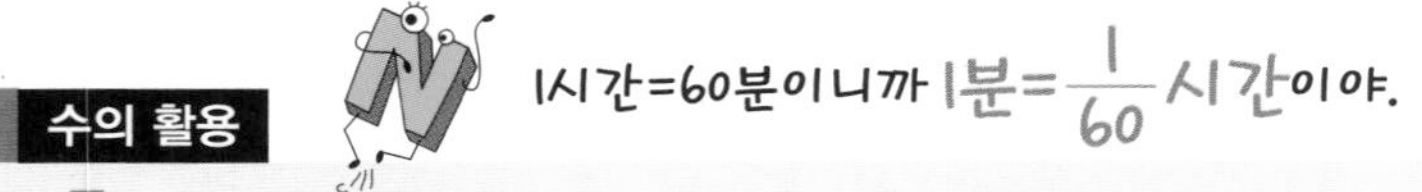

1시간=60분이니까 1분=$\frac{1}{60}$시간이야.

N06 시간을 기약분수로 나타내기

● 다음은 몇 시간인지 기약분수로 나타내 보세요.

① 30분 = $\frac{30}{60}$시간 = $\frac{1}{2}$ 시간

30분은 $\frac{1}{2}$시간이에요.

② 10분 = $\frac{\square}{60}$시간 = ____ 시간

③ 15분 = $\frac{\square}{60}$시간 = ____ 시간

④ 20분 = $\frac{\square}{60}$시간 = ____ 시간

⑤ 25분 = $\frac{\square}{60}$시간 = ____ 시간

⑥ 45분 = $\frac{\square}{60}$시간 = ____ 시간

⑦ 50분 = $\frac{\square}{60}$시간 = ____ 시간

⑧ 55분 = $\frac{\square}{60}$시간 = ____ 시간

⑨ 1시간 5분 = $1\frac{\square}{60}$시간 = ____ 시간

⑩ 1시간 15분 = $1\frac{\square}{60}$시간 = ____ 시간

⑪ 1시간 40분 = $1\frac{\square}{60}$시간 = ____ 시간

⑫ 1시간 50분 = $1\frac{\square}{60}$시간 = ____ 시간

⑬ 2시간 35분 = $2\frac{\square}{60}$시간 = ____ 시간

⑭ 2시간 45분 = $2\frac{\square}{60}$시간 = ____ 시간

몇으로 약분한 것인지 생각해서 다시 곱해 봐.

N 07 약분하기 전의 분수 구하기

● 약분하기 전의 분수를 구해 보세요.

① $\frac{\boxed{6}}{54}=\frac{1}{9}$ (×6, ÷6)

② $\frac{\square}{25}=\frac{3}{5}$

③ $\frac{\square}{20}=\frac{7}{10}$

④ $\frac{\square}{36}=\frac{5}{9}$

⑤ $\frac{\square}{64}=\frac{1}{4}$

⑥ $\frac{\square}{26}=\frac{6}{13}$

⑦ $\frac{\square}{63}=\frac{3}{7}$

⑧ $\frac{\square}{30}=\frac{1}{6}$

⑨ $\frac{\square}{40}=\frac{5}{8}$

⑩ $\frac{\square}{40}=\frac{3}{4}$

⑪ $\frac{\square}{48}=\frac{1}{3}$

⑫ $\frac{\square}{46}=\frac{22}{23}$

⑬ $1\frac{6}{\square}=1\frac{1}{6}$

⑭ $1\frac{18}{\square}=1\frac{3}{8}$

⑮ $2\frac{14}{\square}=2\frac{1}{3}$

⑯ $2\frac{32}{\square}=2\frac{2}{5}$

⑰ $3\frac{28}{\square}=3\frac{7}{10}$

⑱ $3\frac{30}{\square}=3\frac{5}{8}$

⑲ $1\frac{16}{\square}=1\frac{2}{3}$

⑳ $2\frac{28}{\square}=2\frac{7}{12}$

㉑ $3\frac{42}{\square}=3\frac{14}{15}$

N9 통분

분모가 다른 분수의 분모를 같게 하는 것을 '통분'이라고 해.

$$\left(\frac{3}{4}, \frac{7}{10}\right)$$

$\left(\frac{3\times5}{4\times5}, \frac{7\times2}{10\times2}\right)$ →

● 분모의 최소공배수로 통분

$$\left(\frac{15}{20}, \frac{14}{20}\right)$$

"4와 10의 최소공배수는 20이야."

2) 4 10

2 5 → 2×2×5=20

$\left(\frac{3\times10}{4\times10}, \frac{7\times4}{10\times4}\right)$ →

● 분모의 곱으로 통분

$$\left(\frac{30}{40}, \frac{28}{40}\right)$$

대분수는 어떻게 통분할까?

$$\left(1\frac{3}{4}, 1\frac{7}{10}\right) \rightarrow \left(1\frac{15}{20}, 1\frac{14}{20}\right)$$

"자연수는 그대로 두고
분수만 통분해."

왜 통분을 할까?

분수에서 주인공은 '분자'야.
전체를 '분모'만큼으로 나눈 것 중의 '몇'이 분자니까.
그런데 분모가 다른 분수끼리라면
어떤 분수가 더 큰지 비교하기 어렵겠지?
주인공인 분자를 비교하려면 분모를 같게 만들어야 해.

수의 성질

N01 공통분모 찾기

공통분모가 될 수 있는 수는 두 분모의 공배수야.

● 크기가 같은 분수들을 쓰고, 공통분모가 될 수 있는 수를 가장 작은 수부터 차례로 3개를 써 보세요.

① $\frac{1}{2}=\frac{2}{4}=\frac{3}{6}=\frac{4}{8}=\frac{5}{10}=\frac{6}{12}=\frac{7}{14}=\frac{8}{16}=\frac{9}{18}=\cdots$

분모와 분자에 0이 아닌 같은 수를 곱해도 크기는 같아요.

$\frac{1}{3}=\frac{2}{6}=\frac{3}{9}=\frac{4}{12}=\frac{5}{15}=\frac{6}{18}=\cdots$

➡ 6, 12, 18

② $\frac{1}{3}=$

$\frac{5}{6}=$

➡

③ $\frac{3}{4}=$

$\frac{1}{6}=$

➡

④ $\frac{5}{6}=$

$\frac{1}{2}=$

➡

⑤ $\frac{2}{3}$ = ____________________

$\frac{4}{9}$ = ____________________

➡ ____________________

⑥ $\frac{1}{4}$ = ____________________

$\frac{3}{8}$ = ____________________

➡ ____________________

⑦ $\frac{1}{4}$ = ____________________

$\frac{7}{12}$ = ____________________

➡ ____________________

⑧ $\frac{5}{12}$ = ____________________

$\frac{7}{24}$ = ____________________

➡ ____________________

두 분모의 곱은 가장 빨리 찾을 수 있는 공통분모야.

N 02 분모의 곱을 이용하여 통분하기

● 분모의 곱을 공통분모로 하여 통분해 보세요.

① $\left(\frac{1}{2}, \frac{2}{3}\right)$ → $\left(\frac{3}{6}, \frac{4}{6}\right)$

❶ 공통분모는 2×3=6이에요.
❷ $\frac{1\times3}{2\times3}=\frac{3}{6}$
❸ $\frac{2\times2}{3\times2}=\frac{4}{6}$

② $\left(\frac{1}{4}, \frac{5}{6}\right)$ → (,)

③ $\left(\frac{1}{2}, \frac{3}{4}\right)$ → (,)

④ $\left(\frac{1}{3}, \frac{2}{5}\right)$ → (,)

⑤ $\left(\frac{1}{2}, \frac{2}{7}\right)$ → (,)

⑥ $\left(\frac{1}{4}, \frac{3}{8}\right)$ → (,)

⑦ $\left(\frac{2}{3}, \frac{1}{4}\right)$ → (,)

⑧ $\left(\frac{1}{3}, \frac{5}{7}\right)$ → (,)

⑨ $\left(\frac{1}{3}, \frac{1}{6}\right)$ → (,)

⑩ $\left(\frac{3}{4}, \frac{1}{6}\right)$ → (,)

⑪ $\left(\frac{1}{6}, \frac{1}{2}\right)$ → (,)

⑫ $\left(\frac{3}{5}, \frac{2}{9}\right)$ → (,)

⑬ $\left(\frac{3}{4}, \frac{5}{8}\right)$ → (,)

⑭ $\left(\frac{3}{4}, \frac{7}{10}\right)$ → (,)

⑮ $\left(\frac{1}{3}, \frac{1}{4}\right)$ → (,)

⑯ $\left(\frac{5}{7}, \frac{9}{11}\right)$ → (,)

⑰ $(\frac{3}{4}, \frac{1}{7})$ ➡ (　　　,　　　)

⑱ $(\frac{1}{2}, \frac{5}{6})$ ➡ (　　　,　　　)

⑲ $(\frac{2}{5}, \frac{6}{7})$ ➡ (　　　,　　　)

⑳ $(\frac{1}{4}, \frac{8}{11})$ ➡ (　　　,　　　)

㉑ $(\frac{3}{5}, \frac{3}{10})$ ➡ (　　　,　　　)

㉒ $(\frac{3}{4}, \frac{7}{9})$ ➡ (　　　,　　　)

㉓ $(\frac{2}{7}, \frac{4}{9})$ ➡ (　　　,　　　)

㉔ $(\frac{4}{5}, \frac{7}{8})$ ➡ (　　　,　　　)

㉕ $(1\frac{4}{5}, 1\frac{1}{6})$ ➡ (　　　,　　　)

㉖ $(1\frac{5}{7}, 1\frac{2}{9})$ ➡ (　　　,　　　)

㉗ $(1\frac{2}{3}, 2\frac{4}{5})$ ➡ (　　　,　　　)

㉘ $(2\frac{1}{5}, 1\frac{3}{4})$ ➡ (　　　,　　　)

㉙ $(2\frac{2}{3}, 2\frac{5}{9})$ ➡ (　　　,　　　)

㉚ $(2\frac{1}{2}, 2\frac{2}{5})$ ➡ (　　　,　　　)

㉛ $(1\frac{3}{8}, 3\frac{5}{6})$ ➡ (　　　,　　　)

㉜ $(2\frac{1}{6}, 3\frac{4}{9})$ ➡ (　　　,　　　)

수의 성질

N03 분모의 최소공배수를 이용하여 통분하기

● 분모의 최소공배수를 공통분모로 하여 통분해 보세요.

① $(\frac{1}{6}, \frac{3}{4}) \Rightarrow (\frac{2}{12}, \frac{9}{12})$

6과 4의 최소공배수 구하기

$2 \,)\, 6 \quad 4$

$\quad\; 3 \quad 2$

$12\ (=2\times3\times2)$

② $(\frac{1}{4}, \frac{3}{10}) \Rightarrow (\quad , \quad)$

$2 \,)\, 4 \quad 10$

$\quad\; 2 \quad 5$

4와 10의 최소공배수는 20이에요.

➡ $2\times2\times5=20$

③ $(\frac{1}{3}, \frac{1}{9}) \Rightarrow (\quad , \quad)$

④ $(\frac{1}{6}, \frac{1}{2}) \Rightarrow (\quad , \quad)$

⑤ $(\frac{1}{4}, \frac{5}{8}) \Rightarrow (\quad , \quad)$

⑥ $(\frac{2}{3}, \frac{5}{12}) \Rightarrow (\quad , \quad)$

⑦ $(\frac{5}{6}, \frac{1}{10}) \Rightarrow (\quad , \quad)$

⑧ $(\frac{7}{15}, \frac{13}{20}) \Rightarrow (\quad , \quad)$

⑨ $(\frac{1}{2}, \frac{1}{8}) \Rightarrow (\quad , \quad)$

⑩ $(\frac{5}{8}, \frac{5}{12}) \Rightarrow (\quad , \quad)$

⑪ $(\frac{3}{4}, \frac{7}{18}) \Rightarrow (\quad , \quad)$

⑫ $(\frac{7}{12}, \frac{5}{24}) \Rightarrow (\quad , \quad)$

⑬ $(\frac{2}{9}, \frac{2}{15}) \Rightarrow (\quad , \quad)$

⑭ $(\frac{3}{4}, \frac{11}{12}) \Rightarrow (\quad , \quad)$

⑮ $(\frac{3}{5}, \frac{9}{20}) \Rightarrow (\quad , \quad)$

⑯ $(\frac{1}{6}, \frac{4}{9})$ ➡ (,)

⑰ $(\frac{1}{12}, \frac{1}{18})$ ➡ (,)

⑱ $(\frac{4}{15}, \frac{3}{10})$ ➡ (,)

⑲ $(\frac{9}{14}, \frac{7}{10})$ ➡ (,)

⑳ $(\frac{5}{6}, \frac{1}{15})$ ➡ (,)

㉑ $(\frac{1}{10}, \frac{1}{25})$ ➡ (,)

㉒ $(\frac{7}{8}, \frac{9}{10})$ ➡ (,)

㉓ $(\frac{1}{6}, \frac{7}{18})$ ➡ (,)

㉔ $(1\frac{5}{6}, 1\frac{11}{14})$ ➡ (,)

㉕ $(1\frac{3}{10}, 1\frac{5}{12})$ ➡ (,)

㉖ $(1\frac{5}{8}, 1\frac{7}{12})$ ➡ (,)

㉗ $(2\frac{11}{18}, 1\frac{8}{15})$ ➡ (,)

㉘ $(2\frac{7}{15}, 2\frac{6}{25})$ ➡ (,)

㉙ $(2\frac{8}{9}, 2\frac{16}{27})$ ➡ (,)

㉚ $(1\frac{13}{24}, 2\frac{17}{36})$ ➡ (,)

㉛ $(2\frac{9}{14}, 3\frac{5}{21})$ ➡ (,)

세 분수의 공통분모를 먼저 찾아보자!

N04 세 분수를 한꺼번에 통분하기

● 최소공배수를 공통분모로 하여 세 분수를 한꺼번에 통분해 보세요.

① $(\frac{5}{28}, \frac{4}{7}, \frac{5}{14})$ ➡ $(\frac{5}{28}, \frac{16}{28}, \frac{10}{28})$

❶ 세 분수의 공통분모는 세 분모의 공배수예요.

❷ 세 분모의 최소공배수 28을 공통분모로 하여 한꺼번에 통분해요.

세 수의 최소공배수 구하기

$$\begin{array}{r|rrr} 7 & 28 & 7 & 14 \\ \hline 2 & 4 & 1 & 2 \\ \hline & 2 & 1 & 1 \end{array}$$

28 (=7×2×2×1×1)

② $(\frac{3}{4}, \frac{7}{12}, \frac{5}{18})$ ➡ (, ,)

4와 12의 최소공배수 ➡ 12
12와 18의 최소공배수 ➡ 36
4, 12, 18의 최소공배수 ➡ 36

③ $(\frac{1}{4}, \frac{2}{9}, \frac{5}{12})$ ➡ (, ,)

④ $(\frac{5}{6}, \frac{13}{21}, \frac{4}{7})$ ➡ (, ,)

⑤ $(\frac{5}{6}, \frac{7}{18}, \frac{4}{27})$ ➡ (, ,)

⑥ $(\frac{5}{8}, \frac{7}{12}, \frac{23}{24})$ ➡ (, ,)

⑦ $(\frac{2}{3}, \frac{1}{4}, \frac{7}{8})$ ➡ (, ,)

⑧ $(\frac{3}{14}, \frac{2}{7}, \frac{13}{21})$ ➡ (, ,)

⑨ $(\frac{3}{4}, \frac{7}{10}, \frac{5}{8})$ ➡ (, ,)

⑩ $(\frac{1}{6}, \frac{5}{16}, \frac{13}{24})$ ➡ (, ,)

⑪ $(\frac{7}{8}, \frac{7}{16}, \frac{17}{20})$ ➡ (, ,)

⑫ $(\frac{5}{8}, \frac{3}{4}, \frac{19}{20})$ ➡ (　　,　　,　　)

⑬ $(\frac{1}{2}, \frac{3}{4}, \frac{5}{9})$ ➡ (　　,　　,　　)

⑭ $(\frac{1}{4}, \frac{3}{8}, \frac{7}{10})$ ➡ (　　,　　,　　)

⑮ $(\frac{3}{8}, \frac{5}{6}, \frac{2}{3})$ ➡ (　　,　　,　　)

⑯ $(\frac{1}{20}, \frac{5}{12}, \frac{1}{6})$ ➡ (　　,　　,　　)

⑰ $(\frac{4}{5}, \frac{9}{10}, \frac{7}{8})$ ➡ (　　,　　,　　)

⑱ $(\frac{2}{5}, \frac{3}{8}, \frac{9}{20})$ ➡ (　　,　　,　　)

⑲ $(\frac{7}{12}, \frac{13}{18}, \frac{1}{9})$ ➡ (　　,　　,　　)

⑳ $(\frac{7}{9}, \frac{11}{15}, \frac{13}{18})$ ➡ (　　,　　,　　)

㉑ $(\frac{7}{8}, \frac{5}{24}, \frac{19}{32})$ ➡ (　　,　　,　　)

㉒ $(\frac{3}{4}, \frac{5}{18}, \frac{4}{15})$ ➡ (　　,　　,　　)

㉓ $(\frac{4}{15}, \frac{2}{25}, \frac{3}{20})$ ➡ (　　,　　,　　)

05 분수를 통분하여 비교하기

● 분수의 크기를 비교하여 작은 수부터 차례로 써 보세요.

① $(\frac{2}{7}, \frac{3}{8}) \rightarrow (\ \frac{2}{7}\ ,\ \frac{3}{8}\ )$

❶ 통분해요. $(\frac{16}{56}, \frac{21}{56})$

❷ 비교해요. $\frac{16}{56} < \frac{21}{56}$

❸ 통분하기 전 분수로 써요.

② $(\frac{5}{9}, \frac{7}{10}) \rightarrow (\qquad ,\qquad)$

통분한 분수로 쓰지 않도록 주의해요.

③ $(\frac{4}{9}, \frac{3}{7}) \rightarrow (\qquad ,\qquad)$

④ $(\frac{3}{5}, \frac{13}{20}) \rightarrow (\qquad ,\qquad)$

⑤ $(\frac{5}{8}, \frac{7}{12}) \rightarrow (\qquad ,\qquad)$

⑥ $(\frac{7}{15}, \frac{11}{25}) \rightarrow (\qquad ,\qquad)$

⑦ $(\frac{5}{12}, \frac{4}{9}) \rightarrow (\qquad ,\qquad)$

⑧ $(\frac{8}{15}, \frac{13}{20}) \rightarrow (\qquad ,\qquad)$

⑨ $(1\frac{1}{2}, 1\frac{3}{5}) \rightarrow (\qquad ,\qquad)$

⑩ $(1\frac{2}{7}, 1\frac{1}{3}) \rightarrow (\qquad ,\qquad)$

⑪ $(3\frac{4}{5}, 3\frac{5}{6}) \rightarrow (\qquad ,\qquad)$

⑫ $(2\frac{5}{7}, 2\frac{2}{3}) \rightarrow (\qquad ,\qquad)$

⑬ $(2\frac{3}{4}, 2\frac{5}{7}) \rightarrow (\qquad ,\qquad)$

⑭ $(3\frac{7}{10}, 3\frac{5}{8}) \rightarrow (\qquad ,\qquad)$

⑮ $\left(\frac{4}{9}, \frac{5}{6}, \frac{7}{12}\right)$ ➡ (　　,　　,　　)

⑯ $\left(\frac{7}{8}, \frac{9}{10}, \frac{4}{5}\right)$ ➡ (　　,　　,　　)

⑰ $\left(\frac{5}{6}, \frac{17}{18}, \frac{11}{12}\right)$ ➡ (　　,　　,　　)

⑱ $\left(\frac{3}{7}, \frac{3}{10}, \frac{2}{5}\right)$ ➡ (　　,　　,　　)

⑲ $\left(\frac{5}{12}, \frac{4}{9}, \frac{1}{6}\right)$ ➡ (　　,　　,　　)

⑳ $\left(\frac{4}{7}, \frac{5}{8}, \frac{27}{56}\right)$ ➡ (　　,　　,　　)

㉑ $\left(\frac{7}{10}, \frac{8}{15}, \frac{17}{30}\right)$ ➡ (　　,　　,　　)

㉒ $\left(\frac{5}{6}, \frac{3}{4}, \frac{7}{8}\right)$ ➡ (　　,　　,　　)

㉓ $\left(\frac{3}{8}, \frac{7}{12}, \frac{11}{16}\right)$ ➡ (　　,　　,　　)

㉔ $\left(\frac{4}{9}, \frac{5}{8}, \frac{3}{4}\right)$ ➡ (　　,　　,　　)

㉕ $\left(1\frac{1}{6}, 1\frac{2}{7}, 1\frac{1}{4}\right)$ ➡ (　　,　　,　　)

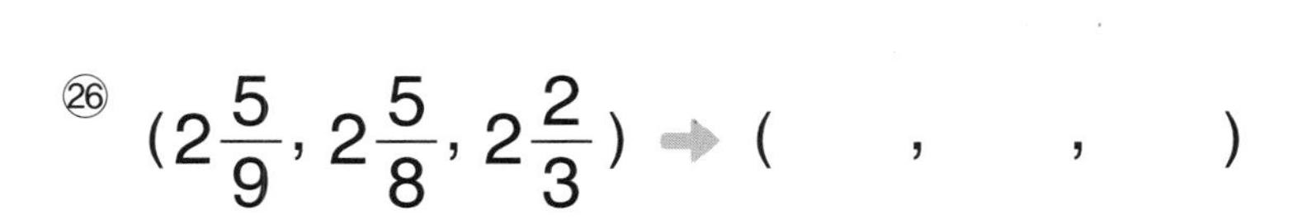

㉖ $\left(2\frac{5}{9}, 2\frac{5}{8}, 2\frac{2}{3}\right)$ ➡ (　　,　　,　　)

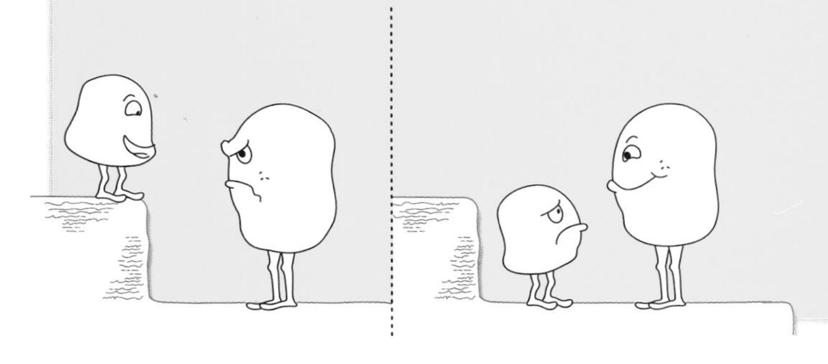

기준이 같아야 키를 정확히 비교할 수 있어.

수직선 위에 분수를 나타내면 분수들의 크기를 한눈에 볼 수 있어.

N06 통분하여 수직선에 나타내기

● 주어진 분수를 통분하여 수직선에 각 분수 위치를 나타내 보세요.

수직선 전체 칸 수는 두 분모의 최소공배수예요.

①

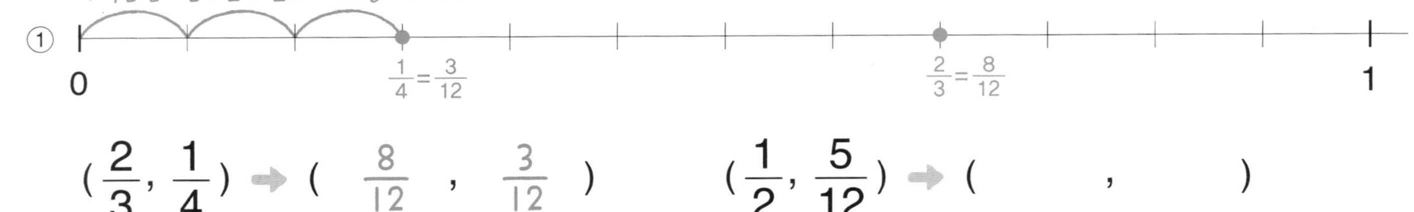

$(\frac{2}{3}, \frac{1}{4}) \rightarrow (\frac{8}{12}, \frac{3}{12})$　　$(\frac{1}{2}, \frac{5}{12}) \rightarrow (\quad, \quad)$

②

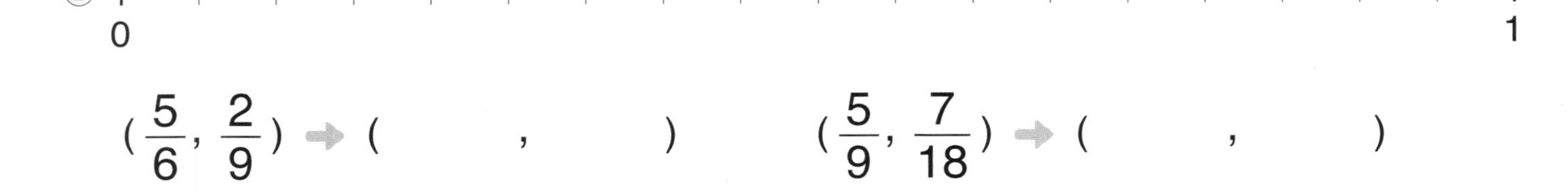

$(\frac{5}{6}, \frac{2}{9}) \rightarrow (\quad, \quad)$　　$(\frac{5}{9}, \frac{7}{18}) \rightarrow (\quad, \quad)$

③ 0 ― 1

$(\frac{1}{4}, \frac{3}{5}) \rightarrow (\quad, \quad)$　　$(\frac{3}{4}, \frac{9}{10}) \rightarrow (\quad, \quad)$

④

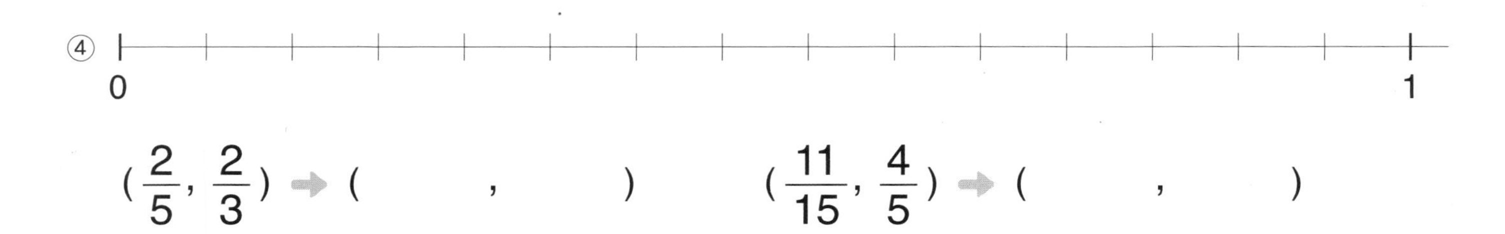

$(\frac{2}{5}, \frac{2}{3}) \rightarrow (\quad, \quad)$　　$(\frac{11}{15}, \frac{4}{5}) \rightarrow (\quad, \quad)$

⑤ 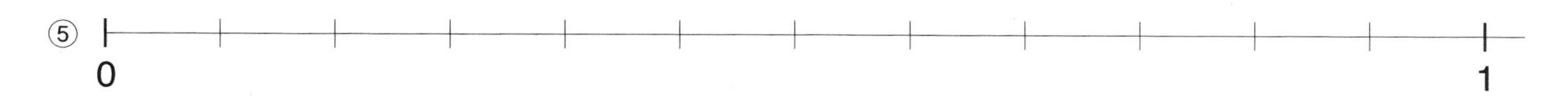

0 1

$(\frac{1}{3}, \frac{1}{4})$ ➡ (,) $(\frac{3}{4}, \frac{5}{6})$ ➡ (,)

⑥

0 1

$(\frac{1}{9}, \frac{5}{6})$ ➡ (,) $(\frac{1}{2}, \frac{8}{9})$ ➡ (,)

⑦

0 1

$(\frac{3}{5}, \frac{7}{20})$ ➡ (,) $(\frac{1}{5}, \frac{3}{4})$ ➡ (,)

⑧

0 1

$(\frac{1}{6}, \frac{5}{8})$ ➡ (,) $(\frac{7}{8}, \frac{5}{12})$ ➡ (,)

+ 10 분모가 다른 진분수의 덧셈

통분해서 분모를 같게 한 다음 분자끼리 더해.

$$\frac{3}{4}+\frac{1}{6}$$

"분모의 최소공배수로 통분해 보자."

$$=\frac{3\times3}{4\times3}+\frac{1\times2}{6\times2}$$

$$=\frac{9}{12}+\frac{2}{12}$$

"분모가 같으니까 분모는 그대로 두고 분자끼리 더해."

$$=\frac{11}{12}$$

분모의 곱으로도 통분할 수 있어.

$$\frac{3}{4}+\frac{1}{6}=\frac{3\times6}{4\times6}+\frac{1\times4}{6\times4}=\frac{18}{24}+\frac{4}{24}=\frac{\cancel{22}^{11}}{\cancel{24}_{12}}=\frac{11}{12}$$

"분모의 곱을 공통분모로 하면 계산한 다음 약분해야 해."

한 칸의 크기가 같아지도록 나누어야 두 분수를 더할 수 있어.

01 그림에 선을 그어 덧셈하기

● 두 그림이 똑같은 칸수만큼 나누어지도록 선을 긋고 분수의 덧셈을 해 보세요.

①
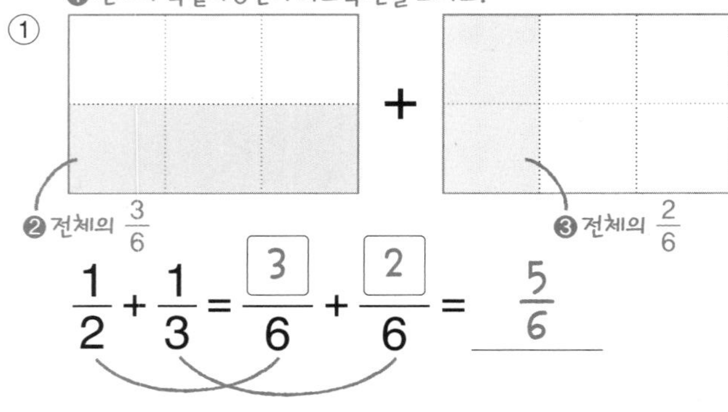
❶ 전체가 똑같이 6칸이 되도록 선을 그어요.
❷ 전체의 $\frac{3}{6}$
❸ 전체의 $\frac{2}{6}$

$\frac{1}{2}+\frac{1}{3}=\frac{3}{6}+\frac{2}{6}=\frac{5}{6}$

②

$\frac{1}{3}+\frac{2}{5}=\frac{\square}{15}+\frac{\square}{15}=$ ______

③

$\frac{1}{4}+\frac{2}{3}=\frac{\square}{12}+\frac{\square}{12}=$ ______

④
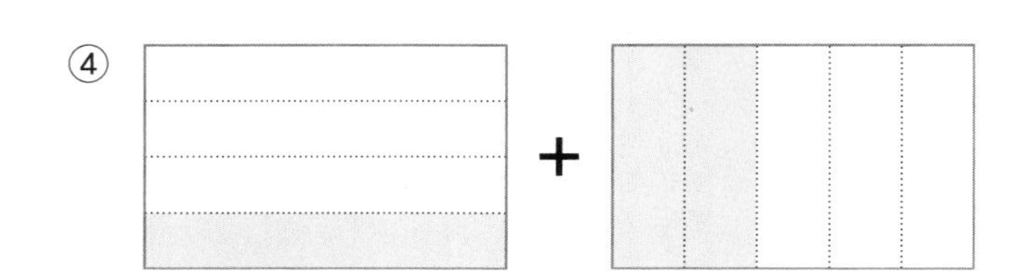

$\frac{1}{4}+\frac{2}{5}=\frac{\square}{20}+\frac{\square}{20}=$ ______

⑤
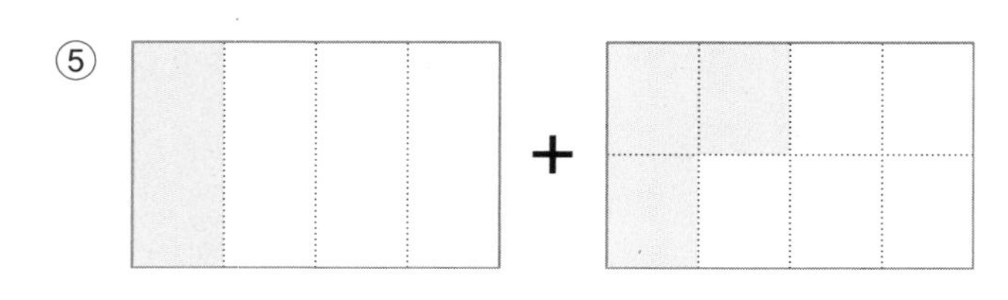

$\frac{1}{4}+\frac{3}{8}=\frac{\square}{8}+\frac{3}{8}=$ ______

⑥
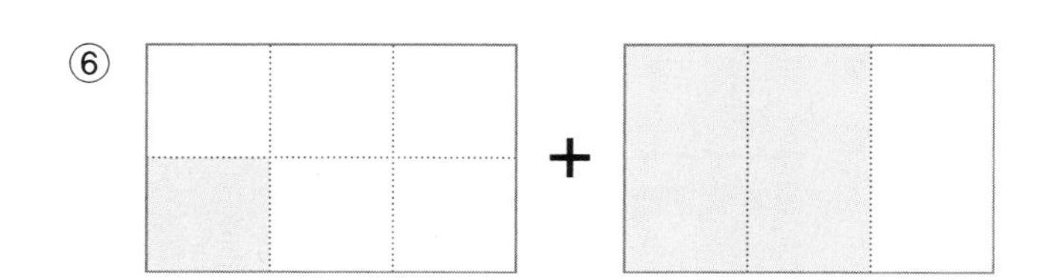

$\frac{1}{6}+\frac{2}{3}=\frac{1}{6}+\frac{\square}{6}=$ ______

⑦
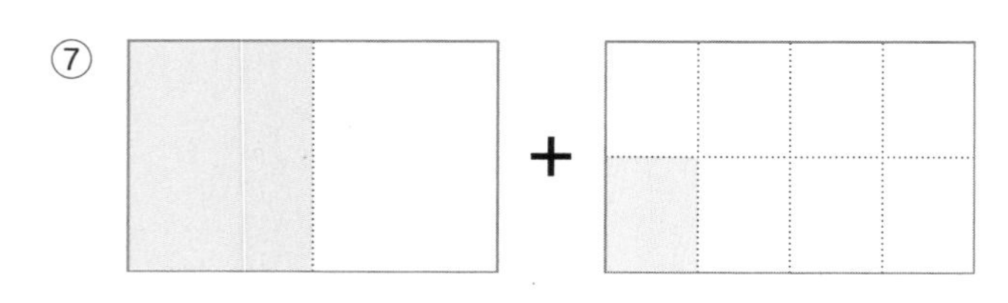

$\frac{1}{2}+\frac{1}{8}=\frac{\square}{8}+\frac{1}{8}=$ ______

⑧
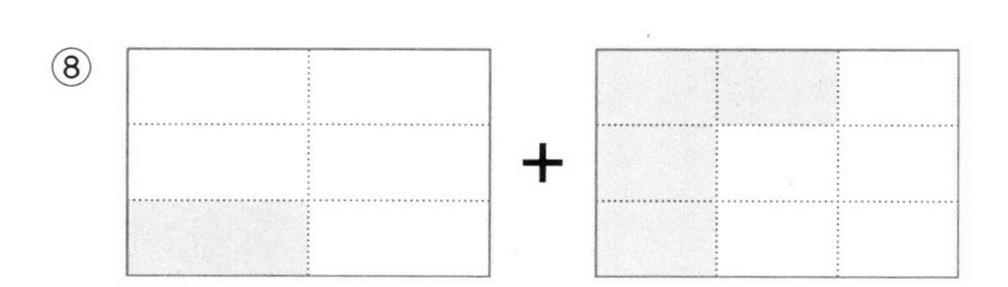

$\frac{1}{6}+\frac{4}{9}=\frac{\square}{18}+\frac{\square}{18}=$ ______

02 진분수의 덧셈

● 덧셈을 해 보세요.

① $\frac{2}{9}+\frac{1}{6}=\frac{4}{18}+\frac{3}{18}=\frac{7}{18}$

❶ 분모를 통분해요.
❷ 분모는 그대로 두고 분자끼리 더해요.

② $\frac{2}{3}+\frac{1}{8}=$

③ $\frac{7}{11}+\frac{1}{3}=$

④ $\frac{1}{5}+\frac{3}{7}=$

⑤ $\frac{3}{8}+\frac{1}{10}=$

⑥ $\frac{1}{2}+\frac{8}{17}=$

⑦ $\frac{3}{8}+\frac{3}{14}=$

⑧ $\frac{3}{5}+\frac{3}{10}=$

⑨ $\frac{4}{9}+\frac{7}{15}=$

⑩ $\frac{1}{6}+\frac{3}{10}=$

계산 결과는 기약분수로 나타내요.

⑪ $\frac{8}{11}+\frac{1}{4}=$

⑫ $\frac{4}{9}+\frac{1}{6}=$

⑬ $\frac{1}{6}+\frac{3}{8}=$

⑭ $\frac{2}{5}+\frac{5}{12}=$

⑮ $\frac{8}{15}+\frac{3}{10}=$

⑯ $\frac{11}{20}+\frac{5}{12}=$

⑰ $\frac{1}{3}+\frac{3}{4}=\frac{4}{12}+\frac{9}{12}=\frac{13}{12}=1\frac{1}{12}$

❶ 분모를 통분해요.
❷ 분모는 그대로 두고 분자끼리 더해요.
❸ 결과가 가분수이면 대분수로 고쳐요.

⑱ $\frac{9}{10}+\frac{1}{6}=$

⑲ $\frac{4}{9}+\frac{7}{12}=$

⑳ $\frac{2}{5}+\frac{3}{4}=$

㉑ $\frac{1}{2}+\frac{5}{8}=$

㉒ $\frac{2}{3}+\frac{7}{15}=$

㉓ $\frac{1}{4}+\frac{5}{6}=$

㉔ $\frac{3}{5}+\frac{7}{11}=$

㉕ $\frac{2}{5}+\frac{7}{10}=$

㉖ $\frac{1}{2}+\frac{11}{16}=$

㉗ $\frac{5}{8}+\frac{7}{9}=$

㉘ $\frac{7}{12}+\frac{11}{15}=$

㉙ $\frac{2}{3}+\frac{4}{5}=$

㉚ $\frac{5}{14}+\frac{2}{3}=$

㉛ $\frac{8}{15}+\frac{23}{30}=$

㉜ $\frac{8}{13}+\frac{11}{26}=$

분자가 1인 분수끼리의 덧셈은 분모의 곱으로 통분해.

03 단위분수끼리의 덧셈

● 덧셈을 해 보세요.

① $\frac{1}{2}+\frac{1}{3}=\frac{3}{6}+\frac{2}{6}$

분모의 곱으로 통분해요. $=\frac{5}{6}$ (2+3 / 2×3) $=\frac{(\text{분모의 합})}{(\text{분모의 곱})}$

② $\frac{1}{3}+\frac{1}{4}=$

③ $\frac{1}{4}+\frac{1}{9}=$

④ $\frac{1}{5}+\frac{1}{6}=$

⑤ $\frac{1}{4}+\frac{1}{7}=$

⑥ $\frac{1}{2}+\frac{1}{5}=$

⑦ $\frac{1}{4}+\frac{1}{5}=$

⑧ $\frac{1}{3}+\frac{1}{8}=$

⑨ $\frac{1}{2}+\frac{1}{9}=$

⑩ $\frac{1}{3}+\frac{1}{5}=$

⑪ $\frac{1}{7}+\frac{1}{8}=$

⑫ $\frac{1}{8}+\frac{1}{9}=$

⑬ $\frac{1}{3}+\frac{1}{10}=$

⑭ $\frac{1}{2}+\frac{1}{11}=$

⑮ $\frac{1}{6}+\frac{1}{7}=$

⑯ $\frac{1}{7}+\frac{1}{5}=$

⑰ $\frac{1}{5}+\frac{1}{9}=$

⑱ $\frac{1}{7}+\frac{1}{3}=$

⑲ $\frac{1}{11}+\frac{1}{4}=$

⑳ $\frac{1}{8}+\frac{1}{5}=$

㉑ $\frac{1}{7}+\frac{1}{9}=$

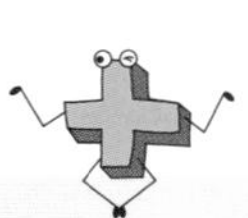

㉒ $\frac{1}{2}+\frac{1}{6}=\frac{8}{12}=$

분모의 곱으로 통분한 다음 약분해요.

㉓ $\frac{1}{4}+\frac{1}{2}=$

㉔ $\frac{1}{3}+\frac{1}{12}=$

㉕ $\frac{1}{2}+\frac{1}{14}=$

㉖ $\frac{1}{2}+\frac{1}{8}=$

㉗ $\frac{1}{3}+\frac{1}{9}=$

㉘ $\frac{1}{2}+\frac{1}{10}=$

㉙ $\frac{1}{5}+\frac{1}{10}=$

㉚ $\frac{1}{9}+\frac{1}{6}=$

㉛ $\frac{1}{6}+\frac{1}{3}=$

㉜ $\frac{1}{10}+\frac{1}{15}=$

㉝ $\frac{1}{6}+\frac{1}{8}=$

㉞ $\frac{1}{12}+\frac{1}{2}=$

㉟ $\frac{1}{8}+\frac{1}{10}=$

㊱ $\frac{1}{4}+\frac{1}{12}=$

단위분수는 분모의 수만큼 합하면 1이 된다.

1					
$\frac{1}{2}$	$\frac{1}{2}$				2개
$\frac{1}{3}$	$\frac{1}{3}$	$\frac{1}{3}$			3개
$\frac{1}{4}$	$\frac{1}{4}$	$\frac{1}{4}$	$\frac{1}{4}$		4개
$\frac{1}{5}$	$\frac{1}{5}$	$\frac{1}{5}$	$\frac{1}{5}$	$\frac{1}{5}$	5개
⋮					…개

㊲ $\frac{1}{6}+\frac{1}{10}=$

㊳ $\frac{1}{8}+\frac{1}{12}=$

㊴ $\frac{1}{4}+\frac{1}{6}=$

㊵ $\frac{1}{12}+\frac{1}{10}=$

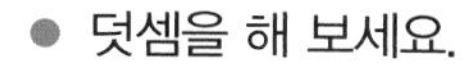

덧셈의 원리 더해지는 수의 분모에 따라 통분하는 방법이 달라져.

04 정해진 수 더하기

● 덧셈을 해 보세요.

① $\frac{2}{5}$를 더해 보세요.

$\frac{1}{5}+\frac{2}{5}=\frac{3}{5}$

분모가 같으면 통분하지 않고 더할 수 있어요.

$\frac{3}{10}+\frac{2}{5}=\frac{3}{10}+\frac{4}{10}=\frac{7}{10}$

분모의 최소공배수로 통분하는 것이 간단해요.

$\frac{5}{11}$ ________

분모의 곱으로 통분해요.

② $\frac{3}{4}$을 더해 보세요.

$\frac{3}{4}$ ________ $\frac{7}{8}$ ________ $\frac{2}{9}$ ________

③ $\frac{1}{3}$을 더해 보세요.

$\frac{1}{3}$ ________ $\frac{5}{6}$ ________ $\frac{1}{10}$ ________

④ $\frac{1}{6}$을 더해 보세요.

$\frac{5}{6}$ ________ $\frac{7}{18}$ ________ $\frac{3}{7}$ ________

⑤ $\frac{2}{7}$를 더해 보세요.

$\frac{4}{7}$ ________ $\frac{3}{28}$ ________ $\frac{11}{12}$ ________

⑥ $\frac{4}{5}$를 더해 보세요.

$\frac{1}{5}$ ______ $\frac{3}{10}$ ______ $\frac{1}{8}$ ______

⑦ $\frac{1}{2}$을 더해 보세요.

$\frac{1}{2}$ ______ $\frac{1}{4}$ ______ $\frac{3}{7}$ ______

⑧ $\frac{4}{9}$를 더해 보세요.

$\frac{2}{9}$ ______ $\frac{5}{18}$ ______ $\frac{7}{10}$ ______

⑨ $\frac{3}{10}$을 더해 보세요.

$\frac{3}{10}$ ______ $\frac{7}{20}$ ______ $\frac{5}{9}$ ______

⑩ $\frac{5}{12}$를 더해 보세요.

$\frac{1}{12}$ ______ $\frac{11}{24}$ ______ $\frac{4}{5}$ ______

05 단위분수끼리의 합 비교하기

● 단위분수의 합이 가장 큰 것을 찾아 ○표 하세요.

①

$\frac{1}{4}+\frac{1}{8}$ $\frac{1}{6}+\frac{1}{6}$ $\frac{1}{10}+\frac{1}{2}$ $\frac{1}{5}+\frac{1}{7}$

$=\frac{4+8}{4\times8}=\frac{12}{32}$ $=\frac{6+6}{6\times6}=\frac{12}{36}$ $=\frac{10+2}{10\times2}=\frac{12}{20}$ $=\frac{5+7}{5\times7}=\frac{12}{35}$

②

$\frac{1}{6}+\frac{1}{4}$ $\frac{1}{3}+\frac{1}{7}$ $\frac{1}{5}+\frac{1}{5}$ $\frac{1}{2}+\frac{1}{8}$

③

$\frac{1}{11}+\frac{1}{4}$ $\frac{1}{10}+\frac{1}{5}$ $\frac{1}{7}+\frac{1}{8}$ $\frac{1}{6}+\frac{1}{9}$

④

$\frac{1}{11}+\frac{1}{9}$ $\frac{1}{18}+\frac{1}{2}$ $\frac{1}{7}+\frac{1}{13}$ $\frac{1}{5}+\frac{1}{15}$

⑤

$\frac{1}{7}+\frac{1}{4}$ $\frac{1}{5}+\frac{1}{6}$ $\frac{1}{9}+\frac{1}{2}$ $\frac{1}{3}+\frac{1}{8}$

⑥

$\frac{1}{9}+\frac{1}{9}$ $\frac{1}{6}+\frac{1}{12}$ $\frac{1}{13}+\frac{1}{5}$ $\frac{1}{4}+\frac{1}{14}$

덧셈의 활용

06 음표와 쉼표의 길이 계산하기

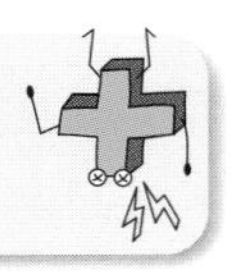

● 주어진 마디의 음표와 쉼표의 길이의 합을 계산해 보세요.

음표	𝅝	𝅗𝅥	♩	♪	𝅘𝅥𝅯
쉼표	𝄻	𝄼	𝄽	𝄾	𝄿
길이	1	$\frac{1}{2}$	$\frac{1}{4}$	$\frac{1}{8}$	$\frac{1}{16}$

① ♩ ♪ ($\frac{1}{4}$, $\frac{1}{8}$) → $\frac{1}{4}+\frac{1}{8}=\frac{2}{8}+\frac{1}{8}=\frac{3}{8}$

② →

③ →

④ →

⑤ →

⑥ →

⑦ →

⑧ →

⑨ →

⑩ →

자연수가 되는 분수들을 먼저 더해 봐.

07 분수의 합을 대분수로 나타내기

● 분수들을 더하여 대분수로 나타내 보세요.

① $\frac{1}{2}$ $\frac{1}{2}$ $\frac{1}{5}$ $\frac{1}{5}$ $\frac{1}{5}$

1, $\frac{3}{5}$, $1\frac{3}{5}$

➡ ______

② $\frac{1}{4}$ $\frac{1}{4}$ $\frac{1}{4}$ $\frac{1}{4}$ $\frac{1}{6}$

1

➡ ______

③ $\frac{1}{3}$ $\frac{1}{3}$ $\frac{1}{3}$ $\frac{1}{6}$ $\frac{1}{6}$

➡ ______

④ $\frac{1}{2}$ $\frac{1}{2}$ $\frac{1}{2}$ $\frac{1}{2}$ $\frac{1}{4}$

➡ ______

⑤ $\frac{1}{3}$ $\frac{1}{3}$ $\frac{1}{3}$ $\frac{1}{5}$ $\frac{1}{5}$

➡ ______

⑥ $\frac{1}{9}$ $\frac{1}{9}$ $\frac{1}{3}$ $\frac{1}{3}$ $\frac{1}{3}$

➡ ______

⑦ $\frac{1}{3}$ $\frac{1}{2}$ $\frac{1}{2}$ $\frac{1}{2}$ $\frac{1}{2}$

➡ ______

⑧ $\frac{1}{7}$ $\frac{1}{4}$ $\frac{1}{4}$ $\frac{1}{4}$ $\frac{1}{4}$

➡ ______

⑨ $\frac{1}{4}$ $\frac{1}{8}$ $\frac{1}{8}$ $\frac{1}{8}$ $\frac{1}{2}$

➡ ______

⑩ $\frac{1}{4}$ $\frac{1}{4}$ $\frac{1}{2}$ $\frac{1}{2}$ $\frac{1}{2}$

➡ ______

기울어지지 않고 균형을 이룬 것은 양쪽이 같다는 뜻이야.

08 모빌 완성하기

● 수평인 모빌의 빈칸에 알맞은 수를 써 보세요.

① 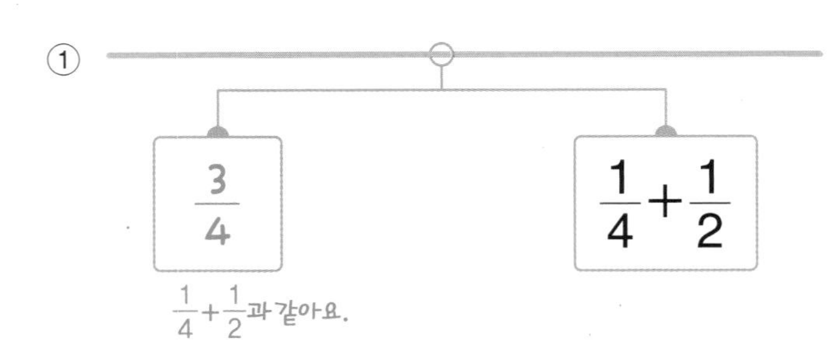

② 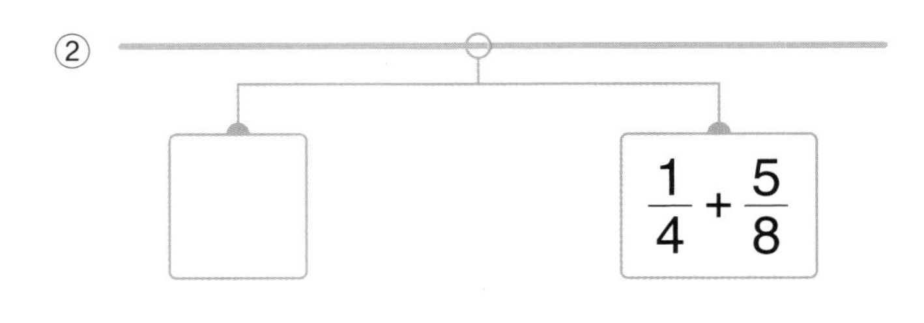

③ 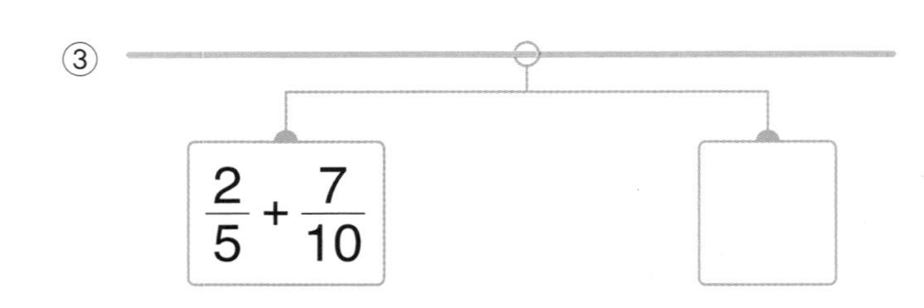

④ 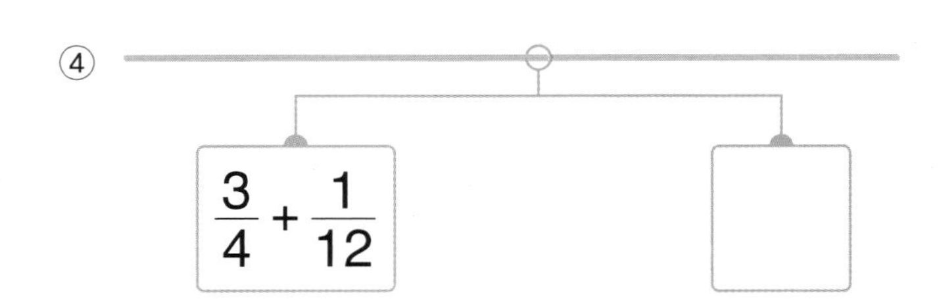

⑤ 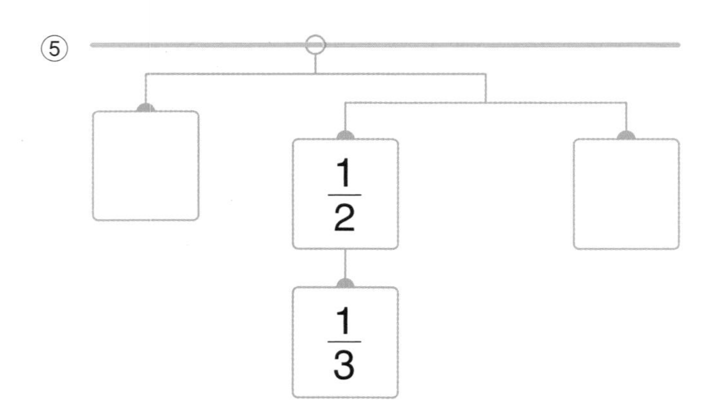

⑥ 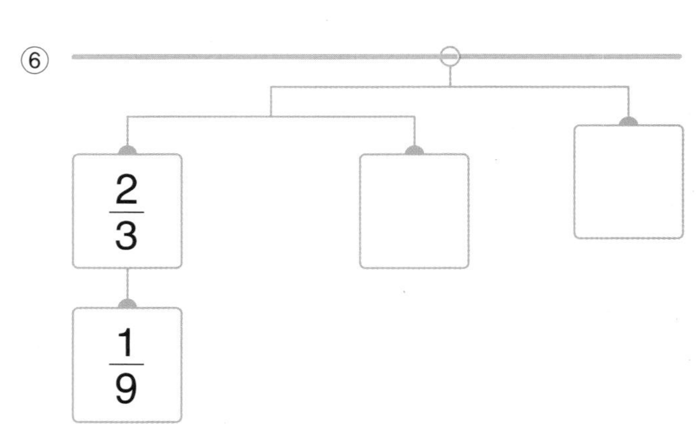

⑦ 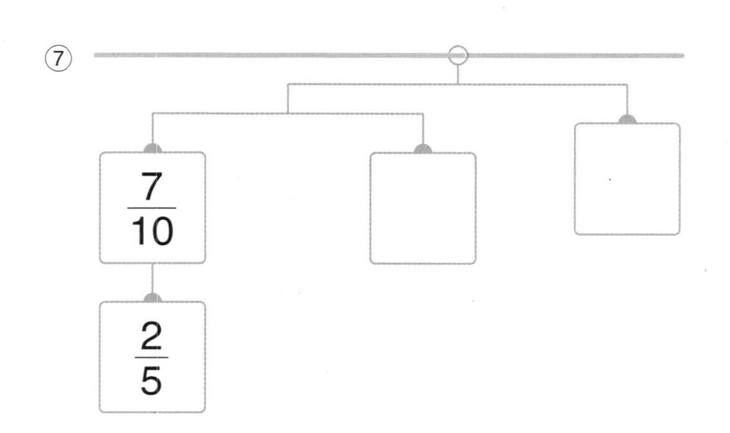

⑧ 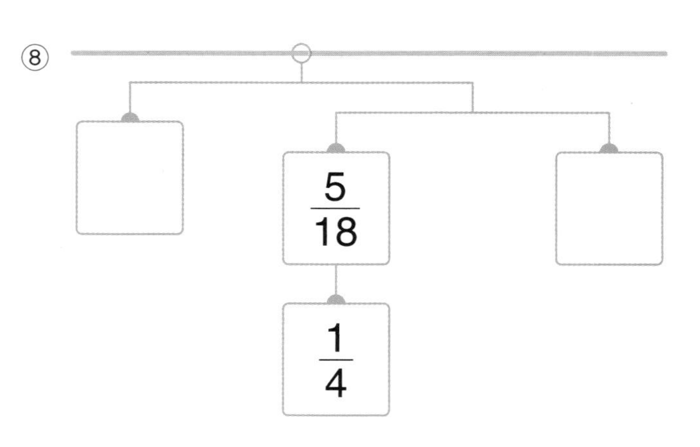

09 1이 되는 덧셈하기

(분모)=(분자)인 분수가 1이야.

● □ 안에 알맞은 수를 써 보세요.

① 3에 6을 더하면 9가 돼요.

$\frac{3}{9}+\frac{\boxed{6}}{9}=1=\frac{9}{9}$

$\frac{6}{9}$을 분모가 3이 되도록 약분해요.

$\frac{3}{9}+\frac{\boxed{2}}{3}=1$

② $\frac{2}{4}+\frac{\square}{4}=1$

$\frac{2}{4}+\frac{\square}{2}=1$

③ $\frac{2}{6}+\frac{\square}{6}=1$

$\frac{2}{6}+\frac{\square}{3}=1$

④ $\frac{2}{8}+\frac{\square}{8}=1$

$\frac{2}{8}+\frac{\square}{4}=1$

⑤ $\frac{\square}{10}+\frac{4}{10}=1$

$\frac{\square}{5}+\frac{4}{10}=1$

⑥ $\frac{\square}{12}+\frac{8}{12}=1$

$\frac{\square}{3}+\frac{8}{12}=1$

⑦ $\frac{\square}{14}+\frac{8}{14}=1$

$\frac{\square}{7}+\frac{8}{14}=1$

⑧ $\frac{\square}{15}+\frac{3}{15}=1$

$\frac{\square}{5}+\frac{3}{15}=1$

11 분모가 다른 진분수의 뺄셈

통분해서 분모를 같게 한 다음 분자끼리 빼.

$$\frac{5}{6} - \frac{1}{4}$$

"분모의 최소공배수로 통분해 보자."

$$= \frac{5 \times 2}{6 \times 2} - \frac{1 \times 3}{4 \times 3}$$

$$= \frac{10}{12} - \frac{3}{12}$$

"분모가 같으니까 분모는 그대로 두고 분자끼리 빼."

$$= \frac{7}{12}$$

분모의 곱으로도 통분할 수 있어.

$$\frac{5}{6} - \frac{1}{4} = \frac{5 \times 4}{6 \times 4} - \frac{1 \times 6}{4 \times 6} = \frac{20}{24} - \frac{6}{24} = \frac{\overset{7}{\cancel{14}}}{\underset{12}{\cancel{24}}} = \frac{7}{12}$$

"분모의 곱을 공통분모로 하면 계산한 다음 약분해야 해."

한 칸의 크기가 같아지도록 나누어야 뺄 수 있어.

01 그림에 선을 그어 뺄셈하기

● 두 그림이 똑같은 칸수만큼 나누어지도록 그림에 선을 긋고 분수의 뺄셈을 해 보세요.

①

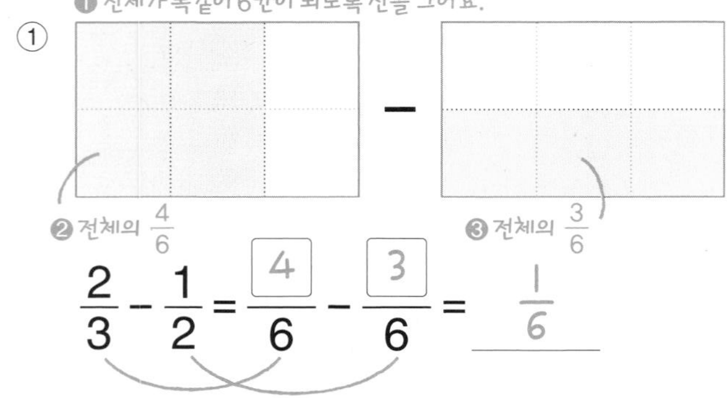

❶ 전체가 똑같이 6칸이 되도록 선을 그어요.
❷ 전체의 $\frac{4}{6}$
❸ 전체의 $\frac{3}{6}$

$\frac{2}{3} - \frac{1}{2} = \frac{\boxed{4}}{6} - \frac{\boxed{3}}{6} = \frac{1}{6}$

②

$\frac{1}{3} - \frac{1}{4} = \frac{\square}{12} - \frac{\square}{12} =$ ______

③

$\frac{1}{2} - \frac{2}{5} = \frac{\square}{10} - \frac{\square}{10} =$ ______

④

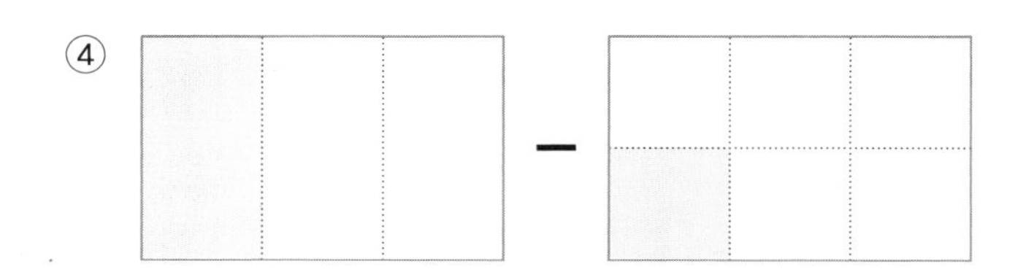

$\frac{1}{3} - \frac{1}{6} = \frac{\square}{6} - \frac{1}{6} =$ ______

⑤

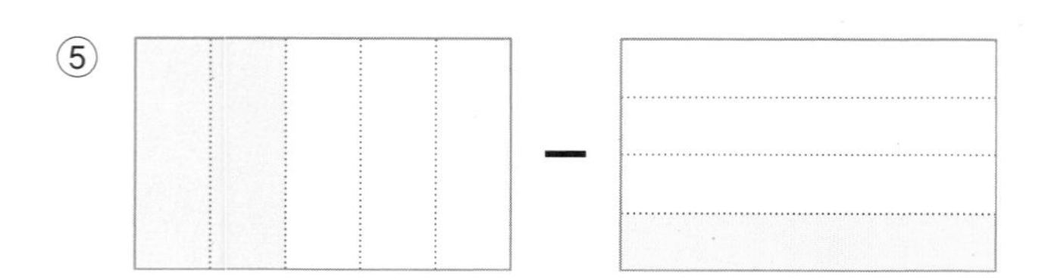

$\frac{2}{5} - \frac{1}{4} = \frac{\square}{20} - \frac{\square}{20} =$ ______

⑥

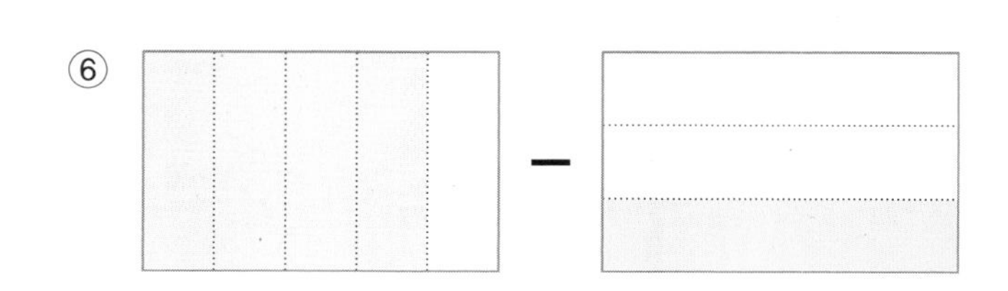

$\frac{4}{5} - \frac{1}{3} = \frac{\square}{15} - \frac{\square}{15} =$ ______

⑦

$\frac{5}{6} - \frac{5}{12} = \frac{\square}{12} - \frac{5}{12} =$ ______

⑧

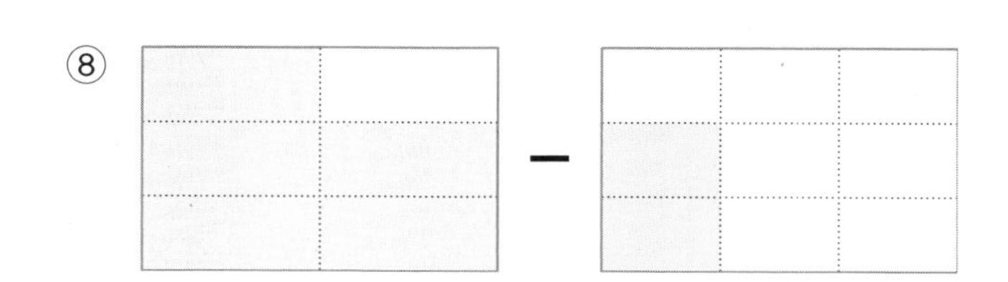

$\frac{5}{6} - \frac{2}{9} = \frac{\square}{18} - \frac{\square}{18} =$ ______

빼셈의 원리

분모가 같아야 뺄 수 있겠지?

02 진분수의 뺄셈

● 뺄셈을 해 보세요.

① $\frac{5}{8}-\frac{1}{2}=\frac{5}{8}-\frac{4}{8}=\frac{1}{8}$

❶ 분모를 통분해요. ❷ 분모는 그대로 두고 분자끼리 빼요.

② $\frac{3}{4}-\frac{2}{3}=$

③ $\frac{2}{3}-\frac{2}{9}=$

④ $\frac{3}{4}-\frac{7}{10}=$

⑤ $\frac{5}{6}-\frac{3}{4}=$

⑥ $\frac{3}{5}-\frac{3}{10}=$

계산 결과는 기약분수로 나타내요.

⑦ $\frac{5}{12}-\frac{4}{15}=$

⑧ $\frac{7}{10}-\frac{1}{2}=$

⑨ $\frac{7}{8}-\frac{1}{6}=$

⑩ $\frac{7}{12}-\frac{3}{8}=$

⑪ $\frac{8}{15}-\frac{9}{20}=$

⑫ $\frac{9}{10}-\frac{3}{5}=$

⑬ $\frac{3}{5}-\frac{7}{20}=$

⑭ $\frac{1}{2}-\frac{2}{7}=$

⑮ $\frac{5}{8}-\frac{1}{2}=$

⑯ $\frac{3}{4}-\frac{1}{5}=$

⑰ $\frac{2}{9}-\frac{1}{5}=$

⑱ $\frac{4}{5}-\frac{3}{8}=$

⑲ $\frac{7}{8}-\frac{1}{4}=$

⑳ $\frac{6}{7}-\frac{5}{6}=$

㉑ $\frac{5}{12}-\frac{3}{14}=$

㉒ $\frac{1}{2}-\frac{4}{11}=$

㉓ $\frac{11}{12}-\frac{2}{3}=$

㉔ $\frac{2}{3}-\frac{3}{10}=$

㉕ $\frac{5}{7}-\frac{1}{6}=$

㉖ $\frac{5}{6}-\frac{8}{15}=$

㉗ $\frac{4}{5}-\frac{11}{16}=$

㉘ $\frac{11}{12}-\frac{7}{18}=$

㉙ $\frac{19}{30}-\frac{7}{18}=$

㉚ $\frac{13}{15}-\frac{1}{20}=$

㉛ $\frac{19}{28}-\frac{5}{12}=$

㉜ $\frac{44}{45}-\frac{5}{18}=$

03 단위분수끼리의 뺄셈

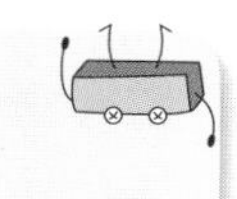

● 뺄셈을 해 보세요.

① $\frac{1}{2}-\frac{1}{3}=\frac{3}{6}-\frac{2}{6}$

분모의 곱으로 통분해요. $=\frac{1}{6}$ (3−2 / 2×3) $=\frac{(\text{분모의 차})}{(\text{분모의 곱})}$

② $\frac{1}{3}-\frac{1}{4}=$

③ $\frac{1}{2}-\frac{1}{5}=$

④ $\frac{1}{4}-\frac{1}{5}=$

⑤ $\frac{1}{6}-\frac{1}{7}=$

⑥ $\frac{1}{5}-\frac{1}{6}=$

⑦ $\frac{1}{3}-\frac{1}{10}=$

⑧ $\frac{1}{5}-\frac{1}{8}=$

⑨ $\frac{1}{4}-\frac{1}{9}=$

⑩ $\frac{1}{2}-\frac{1}{4}=\frac{2}{8}=$

분모의 곱으로 통분한 다음 약분해요.

⑪ $\frac{1}{6}-\frac{1}{9}=$

⑫ $\frac{1}{2}-\frac{1}{8}=$

⑬ $\frac{1}{2}-\frac{1}{6}=$

⑭ $\frac{1}{4}-\frac{1}{10}=$

⑮ $\frac{1}{2}-\frac{1}{10}=$

⑯ $\frac{1}{4}-\frac{1}{12}=$

⑰ $\frac{1}{3}-\frac{1}{9}=$

⑱ $\frac{1}{3}-\frac{1}{12}=$

⑲ $\frac{1}{6}-\frac{1}{10}=$

⑳ $\frac{1}{8}-\frac{1}{10}=$

㉑ $\frac{1}{6}-\frac{1}{14}=$

뺄셈의 원리

04 정해진 수 빼기

빼지는 수의 분모에 따라 통분하는 방법이 달라져.

● 뺄셈을 해 보세요.

① $\frac{2}{5}$를 빼 보세요.

$\frac{4}{5} - \frac{2}{5} = \frac{2}{5}$

분모가 같으면 통분하지 않아도 뺄 수 있어요.

$\frac{7}{10} - \frac{2}{5} = \frac{7}{10} - \frac{4}{10} = \frac{3}{10}$

분모의 최소공배수로 통분하는 것이 간단해요.

$\frac{8}{13}$ ________

분모의 곱으로 통분해요.

② $\frac{1}{4}$을 빼 보세요.

$\frac{3}{4}$ ________ $\frac{5}{8}$ ________ $\frac{7}{9}$ ________

③ $\frac{1}{8}$을 빼 보세요.

$\frac{3}{8}$ ________ $\frac{7}{24}$ ________ $\frac{6}{7}$ ________

④ $\frac{1}{3}$을 빼 보세요.

$\frac{2}{3}$ ________ $\frac{5}{6}$ ________ $\frac{8}{11}$ ________

⑤ $\frac{2}{7}$를 빼 보세요.

$\frac{5}{7}$ ________ $\frac{11}{14}$ ________ $\frac{19}{20}$ ________

⑥ $\frac{3}{5}$을 빼 보세요.

$\frac{4}{5}$ ______　　$\frac{7}{10}$ ______　　$\frac{5}{6}$ ______

⑦ $\frac{1}{6}$을 빼 보세요.

$\frac{5}{6}$ ______　　$\frac{5}{12}$ ______　　$\frac{5}{11}$ ______

⑧ $\frac{1}{10}$을 빼 보세요.

$\frac{7}{10}$ ______　　$\frac{7}{20}$ ______　　$\frac{1}{3}$ ______

⑨ $\frac{2}{9}$를 빼 보세요.

$\frac{5}{9}$ ______　　$\frac{13}{18}$ ______　　$\frac{4}{5}$ ______

⑩ $\frac{3}{8}$을 빼 보세요.

$\frac{7}{8}$ ______　　$\frac{15}{16}$ ______　　$\frac{2}{3}$ ______

빼셈의 원리

분자가 같은 경우 분모가 작을수록 큰 수야.

05 단위분수끼리의 차 비교하기

● 단위분수의 차가 가장 큰 것을 찾아 ○표 하세요.

①

$\frac{1}{4}-\frac{1}{7}$　　$\frac{1}{5}-\frac{1}{8}$　　$\frac{1}{3}-\frac{1}{6}$ (○)　　$\frac{1}{9}-\frac{1}{12}$

$=\frac{7-4}{4\times7}=\frac{3}{28}$　　$=\frac{8-5}{5\times8}=\frac{3}{40}$　　$=\frac{6-3}{3\times6}=\frac{3}{18}$　　$=\frac{12-9}{9\times12}=\frac{3}{108}$

②

$\frac{1}{5}-\frac{1}{10}$　　$\frac{1}{2}-\frac{1}{7}$　　$\frac{1}{4}-\frac{1}{9}$　　$\frac{1}{3}-\frac{1}{8}$

③

$\frac{1}{2}-\frac{1}{9}$　　$\frac{1}{6}-\frac{1}{13}$　　$\frac{1}{3}-\frac{1}{10}$　　$\frac{1}{5}-\frac{1}{12}$

④

$\frac{1}{6}-\frac{1}{12}$　　$\frac{1}{3}-\frac{1}{9}$　　$\frac{1}{5}-\frac{1}{11}$　　$\frac{1}{7}-\frac{1}{13}$

⑤

$\frac{1}{9}-\frac{1}{11}$　　$\frac{1}{5}-\frac{1}{7}$　　$\frac{1}{8}-\frac{1}{10}$　　$\frac{1}{2}-\frac{1}{4}$

⑥

$\frac{1}{11}-\frac{1}{15}$　　$\frac{1}{7}-\frac{1}{11}$　　$\frac{1}{3}-\frac{1}{7}$　　$\frac{1}{5}-\frac{1}{9}$

뺄셈식의 세 수로 덧셈식을 만들 수 있어.

06 뺄셈식으로 덧셈식 완성하기

● 뺄셈식을 이용하여 덧셈식을 완성해 보세요.

① $\frac{3}{4}-\frac{1}{3}=\frac{5}{12}$

$\frac{1}{3}+\frac{5}{12}=\frac{3}{4}$

뺀 결과를 다시 더하면 처음 수가 돼요.

② $\frac{5}{7}-\frac{1}{5}=$ ______

$\frac{1}{5}+$ ______ $=\frac{5}{7}$

③ $\frac{5}{6}-\frac{3}{4}=$ ______

$\frac{3}{4}+$ ______ $=\frac{5}{6}$

④ $\frac{8}{9}-\frac{2}{7}=$ ______

$\frac{2}{7}+$ ______ $=\frac{8}{9}$

⑤ $\frac{11}{18}-\frac{4}{9}=$ ______

$\frac{4}{9}+$ ______ $=\frac{11}{18}$

⑥ $\frac{7}{10}-\frac{3}{8}=$ ______

$\frac{3}{8}+$ ______ $=\frac{7}{10}$

⑦ $\frac{3}{10}-\frac{1}{4}=$ ______

$\frac{1}{4}+$ ______ $=\frac{3}{10}$

⑧ $\frac{5}{9}-\frac{5}{12}=$ ______

$\frac{5}{12}+$ ______ $=\frac{5}{9}$

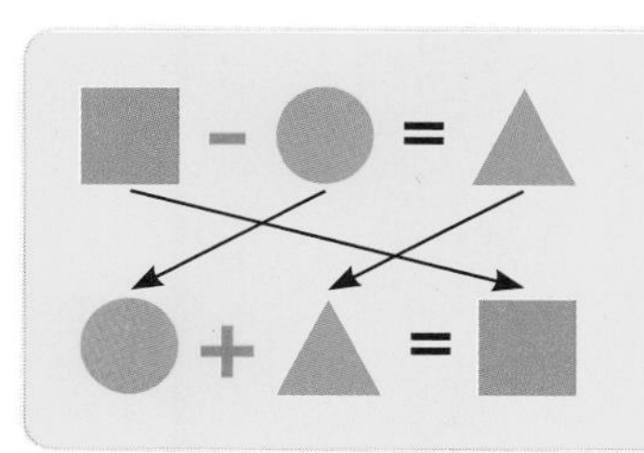

빨셈의 감각

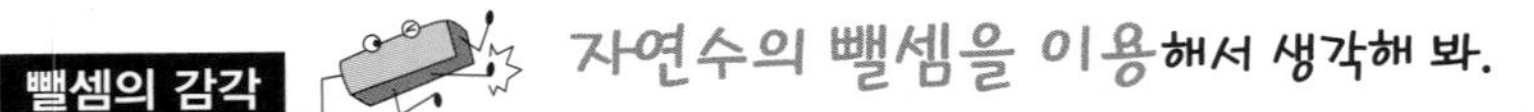

07 단위분수의 차로 나타내기

● 분수를 분모가 서로 다른 단위분수의 차로 나타내 보세요.

① 1이 되려면 2에서 1을 빼요.

$1 = \boxed{2} - 1$

약분해요.

$\frac{1}{4} = \frac{\boxed{2}}{4} - \frac{1}{4} = \boxed{\frac{1}{2}} - \frac{1}{4}$

$\frac{1}{4}$이 되려면 $\frac{2}{4}$에서 $\frac{1}{4}$을 빼요.

② $2 = \square - 1$

$\frac{2}{9} = \frac{\square}{9} - \frac{1}{9} = \square - \frac{1}{9}$

③ $4 = \square - 1$

$\frac{4}{25} = \frac{\square}{25} - \frac{1}{25} = \square - \frac{1}{25}$

④ $6 = \square - 1$

$\frac{6}{49} = \frac{\square}{49} - \frac{1}{49} = \square - \frac{1}{49}$

⑤ $1 = \square - 2 - 1$

$\frac{1}{8} = \frac{\square}{8} - \frac{2}{8} - \frac{1}{8}$

$= \square - \frac{1}{4} - \frac{1}{8}$

⑥ $1 = \square - 3 - 2$

$\frac{1}{12} = \frac{\square}{12} - \frac{3}{12} - \frac{2}{12}$

$= \square - \frac{1}{4} - \frac{1}{6}$

⑦ $1 = \square - 3 - 1$

$\frac{1}{15} = \frac{\square}{15} - \frac{3}{15} - \frac{1}{15}$

$= \square - \frac{1}{5} - \frac{1}{15}$

⑧ $3 = \square - 4 - 1$

$\frac{3}{16} = \frac{\square}{16} - \frac{4}{16} - \frac{1}{16}$

$= \square - \frac{1}{4} - \frac{1}{16}$

08 0이 되는 뺄셈하기

● □ 안에 알맞은 수를 써 보세요.

①
$\frac{14}{35}-\frac{14}{35}=0$

$\frac{14}{35}$를 분모가 5가 되도록 약분해요.

$\frac{14}{35}-\frac{2}{5}=0$

②
$\frac{14}{16}-\frac{\square}{16}=0$

$\frac{14}{16}-\frac{\square}{8}=0$

③
$\frac{15}{24}-\frac{\square}{24}=0$

$\frac{15}{24}-\frac{\square}{8}=0$

④
$\frac{24}{32}-\frac{\square}{32}=0$

$\frac{24}{32}-\frac{\square}{4}=0$

⑤
$\frac{\square}{12}-\frac{10}{12}=0$

$\frac{\square}{6}-\frac{10}{12}=0$

⑥
$\frac{\square}{12}-\frac{8}{12}=0$

$\frac{\square}{3}-\frac{8}{12}=0$

⑦
$\frac{\square}{14}-\frac{12}{14}=0$

$\frac{\square}{7}-\frac{12}{14}=0$

⑧
$\frac{\square}{16}-\frac{14}{16}=0$

$\frac{\square}{8}-\frac{14}{16}=0$

+12 분모가 다른 대분수의 덧셈

통분해서 분모를 같게 한 다음 더해.

"분모 4와 6의 최소공배수인 12로 통분해."

$$\frac{3}{4} = \frac{3\times3}{4\times3} = \frac{9}{12}$$

$$\frac{1}{6} = \frac{1\times2}{6\times2} = \frac{2}{12}$$

$$1\frac{3}{4} + 1\frac{1}{6}$$

$$= 1\frac{9}{12} + 1\frac{2}{12}$$

"자연수는 자연수끼리 분수는 분수끼리 더해."

$$(1+1)+\left(\frac{9}{12}+\frac{2}{12}\right)$$

$$= 2+\frac{11}{12}$$

$$= 2\frac{11}{12}$$

분수 부분끼리의 합이 가분수이면 자연수 부분으로 받아올림해.

$$1\frac{1}{2}+2\frac{2}{3} = 1\frac{3}{6}+2\frac{4}{6} = 3\frac{7}{6} = 4\frac{1}{6}$$

$$3+\frac{7}{6} = 3+1\frac{1}{6} = 4+\frac{1}{6}$$

대분수의 덧셈은 진분수끼리의 합에 자연수의 합을 더한 것과 같아.

덧셈의 원리

01 단계에 따라 덧셈하기

● 덧셈을 해 보세요.

① $\frac{1}{4}+\frac{4}{7}=\frac{7}{28}+\frac{16}{28}=\frac{23}{28}$

$2\frac{1}{4}+3\frac{4}{7}=(2+3)+\left(\frac{7}{28}+\frac{16}{28}\right)=5\frac{23}{28}$

② $\frac{1}{5}+\frac{3}{4}=$

$\frac{1}{5}+2\frac{3}{4}=$

③ $\frac{1}{2}+\frac{1}{9}=$

$1\frac{1}{2}+2\frac{1}{9}=$

④ $\frac{3}{8}+\frac{1}{4}=$

$2\frac{3}{8}+4\frac{1}{4}=$

⑤ $\frac{2}{3}+\frac{1}{8}=$

$1\frac{2}{3}+1\frac{1}{8}=$

⑥ $\frac{3}{10}+\frac{2}{3}=$

$3\frac{3}{10}+2\frac{2}{3}=$

⑦ $\frac{9}{14}+\frac{2}{7}=$

$2\frac{9}{14}+1\frac{2}{7}=$

⑧ $\frac{1}{10}+\frac{5}{6}=$

$2\frac{1}{10}+2\frac{5}{6}=$

⑨ $\frac{7}{12}+\frac{1}{6}=$

$3\frac{7}{12}+4\frac{1}{6}=$

⑩ $\frac{5}{9}+\frac{2}{5}=$

$3\frac{5}{9}+3\frac{2}{5}=$

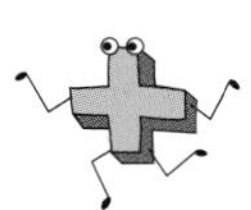

02 대분수의 덧셈

● 덧셈을 해 보세요.

① $1\frac{1}{4}+1\frac{2}{3}=1\frac{3}{12}+1\frac{8}{12}=2\frac{11}{12}$

❶ 통분하기
❷ 자연수끼리, 분수끼리 더하기

② $1\frac{5}{12}+1\frac{3}{8}=$

③ $3\frac{2}{9}+1\frac{3}{4}=$

④ $4\frac{4}{7}+2\frac{1}{8}=$

⑤ $3\frac{3}{4}+5\frac{1}{12}=$

⑥ $3\frac{1}{2}+1\frac{1}{5}=$

⑦ $2\frac{1}{6}+4\frac{7}{10}=$

⑧ $2\frac{3}{5}+2\frac{1}{4}=$

⑨ $7\frac{4}{15}+2\frac{13}{20}=$

⑩ $3\frac{1}{8}+4\frac{5}{6}=$

⑪ $2\frac{3}{7}+3\frac{3}{14}=$

⑫ $3\frac{3}{11}+2\frac{2}{3}=$

⑬ $3\frac{4}{9}+2\frac{1}{5}=$

⑭ $4\frac{2}{7}+1\frac{13}{28}=$

⑮ $3\frac{1}{12}+6\frac{17}{30}=$

⑯ $4\frac{3}{4}+9\frac{1}{6}=$

⑰ $2\frac{7}{8}+2\frac{5}{12}=4\frac{31}{24}$

답을 이렇게 쓴 건 아니지?
대분수는 (자연수)+(진분수)니까
$5\frac{7}{24}$ 로 써야 해.

⑱ $2\frac{4}{5}+\frac{8}{15}=$

⑲ $1\frac{2}{3}+2\frac{5}{6}=$

⑳ $1\frac{7}{12}+1\frac{9}{20}=$

㉑ $2\frac{5}{9}+3\frac{3}{5}=$

㉒ $1\frac{1}{2}+2\frac{2}{3}=$

㉓ $2\frac{1}{4}+1\frac{5}{6}=$

㉔ $1\frac{1}{3}+1\frac{3}{4}=$

㉕ $1\frac{3}{10}+2\frac{3}{4}=$

㉖ $3\frac{7}{8}+1\frac{2}{5}=$

㉗ $6\frac{1}{4}+1\frac{8}{9}=$

㉘ $2\frac{5}{8}+3\frac{7}{18}=$

㉙ $1\frac{1}{2}+2\frac{6}{7}=$

㉚ $1\frac{7}{10}+1\frac{5}{8}=$

㉛ $4\frac{3}{8}+1\frac{17}{24}=$

덧셈의 원리

더해지는 수의 분모에 따라 통분하는 방법이 달라져.

03 정해진 수 더하기

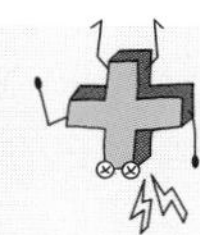

● 덧셈을 해 보세요.

① $\frac{1}{2}$을 더해 보세요.

$2\frac{1}{2} + \frac{1}{2} = 3$

통분하지 않아도 더할 수 있어요.

$1\frac{1}{4} + \frac{1}{2} = 1\frac{1}{4} + \frac{2}{4} = 1\frac{3}{4}$

분모의 최소공배수로 통분하는 것이 간단해요.

$3\frac{1}{5}$ ______

분모의 곱으로 통분해요.

② $\frac{2}{5}$를 더해 보세요.

$2\frac{1}{5}$ ______

$1\frac{7}{10}$ ______

$1\frac{7}{12}$ ______

③ $1\frac{5}{6}$를 더해 보세요.

$\frac{1}{6}$ ______

$1\frac{7}{12}$ ______

$2\frac{1}{13}$ ______

④ $1\frac{3}{4}$을 더해 보세요.

$\frac{3}{4}$ ______

$2\frac{3}{16}$ ______

$1\frac{5}{13}$ ______

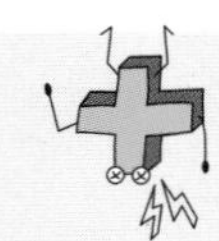

⑤ $1\frac{2}{3}$를 더해 보세요.

$3\frac{1}{3}$ ______　　$2\frac{5}{6}$ ______　　$4\frac{7}{10}$ ______

⑥ $2\frac{3}{7}$을 더해 보세요.

$3\frac{5}{7}$ ______　　$1\frac{5}{14}$ ______　　$2\frac{3}{4}$ ______

⑦ $4\frac{5}{8}$를 더해 보세요.

$2\frac{3}{8}$ ______　　$1\frac{9}{16}$ ______　　$2\frac{2}{5}$ ______

⑧ $3\frac{5}{12}$를 더해 보세요.

$1\frac{5}{12}$ ______　　$3\frac{5}{24}$ ______　　$1\frac{2}{7}$ ______

분수끼리의 합이 1보다 큰 것을 찾아봐.

04 어림하여 크기 비교하기

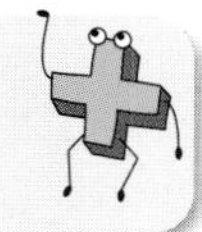

● 계산 결과가 ◯ 안의 수보다 큰 것을 모두 찾아 ○표 하세요.

자연수끼리의 합은 3으로 모두 같아요.

① 4

$2\frac{2}{7}+1\frac{1}{5}$ $1\frac{4}{7}+2\frac{3}{5}$ $1\frac{6}{7}+2\frac{2}{5}$ $3\frac{5}{7}+\frac{4}{5}$

$\frac{2}{7}+\frac{1}{5}=\frac{17}{35}$ $\frac{4}{7}+\frac{3}{5}=1\frac{6}{35}$ $\frac{6}{7}+\frac{2}{5}=1\frac{9}{35}$ $\frac{5}{7}+\frac{4}{5}=1\frac{18}{35}$

➡ 분수끼리의 합이 1보다 크므로 4보다 커요.

② 2

$1\frac{5}{6}+\frac{3}{5}$ $\frac{1}{6}+1\frac{1}{5}$ $1\frac{1}{6}+\frac{4}{5}$ $\frac{5}{6}+1\frac{2}{5}$

③ 3

$1\frac{3}{4}+1\frac{1}{8}$ $2\frac{3}{4}+\frac{3}{8}$ $1\frac{1}{4}+1\frac{5}{8}$ $\frac{1}{4}+2\frac{7}{8}$

④ 3

$2\frac{1}{3}+\frac{1}{4}$ $1\frac{2}{3}+1\frac{1}{4}$ $1\frac{1}{3}+1\frac{3}{4}$ $\frac{2}{3}+2\frac{3}{4}$

⑤ 4

$2\frac{1}{6}+1\frac{2}{5}$ $3\frac{5}{6}+\frac{4}{5}$ $1\frac{1}{6}+2\frac{3}{5}$ $2\frac{5}{6}+1\frac{1}{5}$

⑥ 2

$1\frac{5}{9}+\frac{2}{13}$ $\frac{4}{9}+1\frac{7}{13}$ $\frac{8}{9}+1\frac{11}{13}$ $1\frac{2}{9}+\frac{5}{13}$

05 내가 만드는 덧셈식

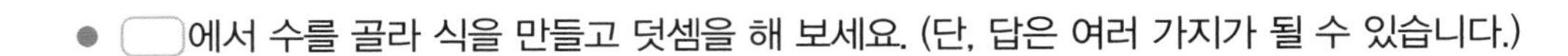

● ☐에서 수를 골라 식을 만들고 덧셈을 해 보세요. (단, 답은 여러 가지가 될 수 있습니다.)

①

$1\frac{4}{5}$ $2\frac{3}{4}$

$3\frac{7}{10}+$ 예) $1\frac{4}{5}$ $=$ $5\frac{1}{2}$

공통분모를 10으로 하여 계산할 수 있는 $1\frac{4}{5}$를 골랐어요.

$3\frac{1}{8}+$ 예) $2\frac{3}{4}$ $=$ ______

②

$\frac{3}{4}$ $1\frac{5}{6}$

$3\frac{1}{2}+$ ______ $=$ ______

$1\frac{3}{8}+$ ______ $=$ ______

③

$1\frac{11}{12}$ $1\frac{5}{8}$

$4\frac{3}{4}+$ ______ $=$ ______

$2\frac{1}{3}+$ ______ $=$ ______

④

$1\frac{1}{2}$ $2\frac{5}{6}$

$1\frac{7}{10}+$ ______ $=$ ______

$2\frac{1}{3}+$ ______ $=$ ______

⑤

$2\frac{2}{3}$ $\frac{7}{10}$

$1\frac{1}{5}+$ ______ $=$ ______

$2\frac{7}{15}+$ ______ $=$ ______

⑥

$2\frac{5}{24}$ $1\frac{8}{15}$

$1\frac{5}{12}+$ ______ $=$ ______

$2\frac{4}{5}+$ ______ $=$ ______

덧셈의 원리 수를 이어서 더하면 어떤 수가 나올까?

06 화살표를 따라 덧셈하기

● 덧셈을 해 보세요.

① $2\frac{1}{15}$ → $+1\frac{1}{6}$ → $3\frac{7}{30}$ → $+1\frac{2}{5}$ → $4\frac{19}{30}$ → $+1\frac{1}{10}$ → ( ) → $+2\frac{4}{15}$ → ( )

② $1\frac{1}{6}$ → $+1\frac{1}{3}$ → ( ) → $+2\frac{3}{16}$ → ( ) → $+1\frac{1}{4}$ → ( ) → $+2\frac{1}{16}$ → ( )

③ $1\frac{3}{8}$ → $+1\frac{1}{8}$ → ( ) → $+1\frac{1}{4}$ → ( ) → $+2\frac{3}{16}$ → ( ) → $+1\frac{1}{16}$ → ( )

④ $1\frac{1}{4}$ → $+1\frac{3}{10}$ → ( ) → $+1\frac{1}{5}$ → ( ) → $+1\frac{3}{20}$ → ( ) → $+1\frac{1}{10}$ → ( )

⑤ $2\frac{1}{12}$ → $+2\frac{1}{4}$ → ( ) → $+1\frac{1}{3}$ → ( ) → $+2\frac{5}{24}$ → ( ) → $+2\frac{1}{8}$ → ( )

⑥ $1\frac{5}{18}$ → $+1\frac{1}{12}$ → ( ) → $+1\frac{1}{6}$ → ( ) → $+1\frac{5}{12}$ → ( ) → $+1\frac{1}{18}$ → ( )

덧셈의 활용

1시간=60분이니까 '시간'을 '분'으로 나타내 보자.

07 시간의 덧셈

● 몇 시간 몇 분인지 구해 보세요.

분수로 나타낸 '시간'을 '분'으로 나타내려면 분수를 이용해요.

① $\frac{1}{2}$시간$+1\frac{1}{3}$시간 = $1\frac{5}{6}$시간

→ 1시간 50분

② $1\frac{2}{3}$시간$+\frac{1}{4}$시간

→ ______

③ $\frac{7}{12}$시간$+1\frac{2}{3}$시간

→ ______

④ $1\frac{1}{2}$시간$+\frac{5}{6}$시간

→ ______

⑤ $1\frac{5}{12}$시간$+2\frac{2}{3}$시간

→ ______

⑥ $2\frac{3}{4}$시간$+1\frac{1}{12}$시간

→ ______

⑦ $1\frac{7}{12}$시간$+1\frac{1}{6}$시간

→ ______

⑧ $3\frac{7}{12}$시간$+1\frac{3}{4}$시간

→ ______

$1\frac{1}{4}$시간$=1\frac{15}{60}$시간 (분모가 60인 분수로 나타내.)

→ 1시간 15분

⑨ $2\frac{19}{30}$시간$+2\frac{5}{6}$시간

→ ______

수직선 위에 분수를 나타내면 분수들의 크기를 한눈에 비교할 수 있어.

08 결과를 수직선에 나타내기

● 덧셈을 하고 계산 결과를 수직선에 나타내 보세요.

①

가 $\frac{3}{10}+1\frac{1}{5}=\frac{3}{10}+1\frac{2}{10}=1\frac{5}{10}=1\frac{1}{2}$

나 $1\frac{1}{12}+\frac{2}{3}=1\frac{1}{12}+\frac{8}{12}=1\frac{9}{12}=1\frac{3}{4}$

다 $1\frac{3}{10}+1\frac{1}{5}=$ ________

라 $1\frac{5}{12}+1\frac{5}{6}=$ ________

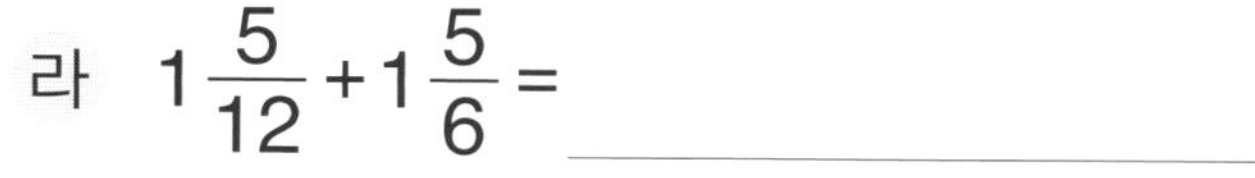

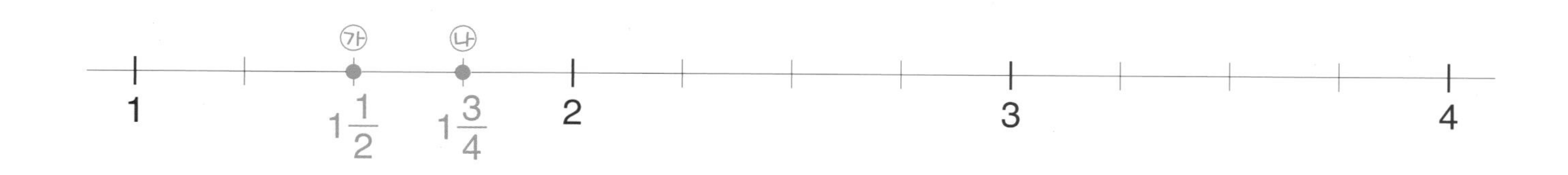

②

마 $1\frac{1}{2}+\frac{1}{6}=$ ________

바 $1\frac{1}{2}+1\frac{1}{3}=$ ________

사 $\frac{2}{3}+1\frac{5}{6}=$ ________

아 $1\frac{7}{8}+1\frac{11}{24}=$ ________

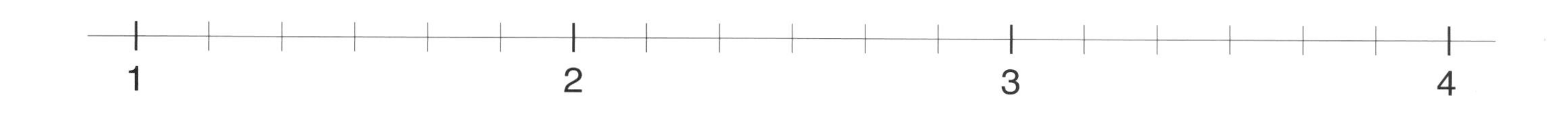

③

자 $1\frac{1}{10}+\frac{2}{5}=$ ________

차 $1\frac{1}{20}+1\frac{1}{4}=$ ________

카 $1\frac{19}{30}+1\frac{1}{6}=$ ________

타 $1\frac{29}{30}+1\frac{14}{15}=$ ________

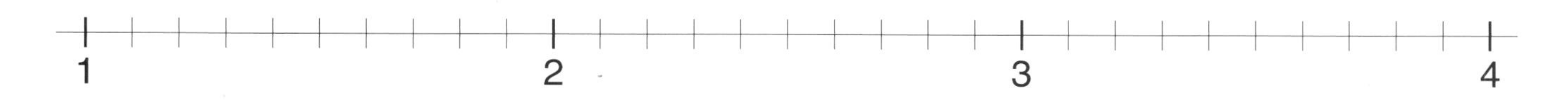

13 분모가 다른 대분수의 뺄셈

통분해서 분모를 같게 한 다음 빼.

"분모 6과 4의 최소공배수인 12로 통분해."

$\frac{5}{6} = \frac{5\times2}{6\times2} = \frac{10}{12}$

$\frac{1}{4} = \frac{1\times3}{4\times3} = \frac{3}{12}$

$$3\frac{5}{6} - 1\frac{1}{4}$$

$$= 3\frac{10}{12} - 1\frac{3}{12}$$

"자연수는 자연수끼리 분수는 분수끼리 빼."

$(3-1) + \left(\frac{10}{12} - \frac{3}{12}\right)$

$= 2 + \frac{7}{12}$

$$= 2\frac{7}{12}$$

분수끼리 뺄 수 없으면 자연수 부분에서 받아내림해.

$$4\frac{2}{5} - 1\frac{1}{2} = 4\frac{4}{10} - 1\frac{5}{10} = 3\frac{14}{10} - 1\frac{5}{10} = 2\frac{9}{10}$$

$4 + \frac{4}{10} = 3 + 1\frac{4}{10} = 3 + \frac{14}{10}$

대분수의 뺄셈은 진분수끼리의 차에 자연수의 차를 더한 것과 같아.

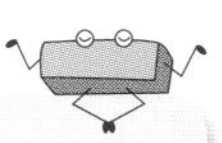

01 단계에 따라 뺄셈하기

● 뺄셈을 해 보세요.

① $\frac{2}{3}-\frac{1}{2}=\frac{4}{6}-\frac{3}{6}=\frac{1}{6}$

$2\frac{2}{3}-1\frac{1}{2}=(2-1)+\left(\frac{4}{6}-\frac{3}{6}\right)=1\frac{1}{6}$

② $\frac{5}{6}-\frac{1}{4}=$

$3\frac{5}{6}-2\frac{1}{4}=$

③ $\frac{3}{4}-\frac{1}{3}=$

$1\frac{3}{4}-1\frac{1}{3}=$

④ $\frac{3}{10}-\frac{1}{6}=$

$4\frac{3}{10}-1\frac{1}{6}=$

⑤ $\frac{7}{15}-\frac{1}{5}=$

$7\frac{7}{15}-2\frac{1}{5}=$

⑥ $\frac{11}{12}-\frac{3}{4}=$

$3\frac{11}{12}-2\frac{3}{4}=$

⑦ $\frac{7}{9}-\frac{1}{4}=$

$3\frac{7}{9}-1\frac{1}{4}=$

⑧ $\frac{1}{2}-\frac{2}{7}=$

$4\frac{1}{2}-2\frac{2}{7}=$

⑨ $\frac{1}{2}-\frac{2}{5}=$

$6\frac{1}{2}-3\frac{2}{5}=$

⑩ $\frac{5}{7}-\frac{3}{14}=$

$3\frac{5}{7}-2\frac{3}{14}=$

자연수는 자연수끼리, 분수는 분수끼리 빼 봐.

02 대분수의 뺄셈

● 뺄셈을 해 보세요.

① $3\frac{1}{2}-1\frac{2}{5}=3\frac{5}{10}-1\frac{4}{10}=2\frac{1}{10}$

❶ 통분하기
❷ 자연수끼리, 분수끼리 빼기

② $5\frac{5}{6}-3\frac{3}{4}=$

③ $5\frac{4}{5}-2\frac{1}{6}=$

④ $3\frac{13}{18}-2\frac{2}{9}=$

⑤ $2\frac{3}{4}-1\frac{1}{6}=$

⑥ $5\frac{3}{5}-2\frac{1}{8}=$

⑦ $2\frac{5}{7}-1\frac{1}{3}=$

⑧ $4\frac{11}{12}-1\frac{4}{9}=$

⑨ $9\frac{5}{8}-2\frac{2}{5}=$

⑩ $4\frac{9}{10}-2\frac{4}{5}=$

⑪ $5\frac{7}{8}-4\frac{11}{16}=$

⑫ $5\frac{8}{9}-1\frac{7}{15}=$

⑬ $5\frac{8}{9}-4\frac{7}{8}=$

⑭ $4\frac{6}{7}-1\frac{9}{14}=$

⑮ $8\frac{7}{15}-3\frac{1}{4}=$

⑯ $4\frac{1}{6}-1\frac{1}{12}=$

분수끼리 뺄 수 없으면
자연수에서 받아내림해요.

⑰ $5\frac{1}{3}-1\frac{4}{9}=$

$=5\frac{3}{9}=4\frac{12}{9}$

⑱ $4\frac{1}{4}-2\frac{4}{5}=$

⑲ $3\frac{5}{8}-2\frac{2}{3}=$

⑳ $8\frac{1}{2}-2\frac{7}{8}=$

㉑ $6\frac{7}{12}-4\frac{3}{4}=$

㉒ $7\frac{1}{3}-4\frac{3}{7}=$

㉓ $5\frac{1}{2}-3\frac{5}{6}=$

㉔ $5\frac{3}{5}-1\frac{5}{8}=$

㉕ $3\frac{1}{6}-2\frac{5}{8}=$

㉖ $5\frac{1}{3}-3\frac{3}{4}=$

㉗ $7\frac{1}{4}-3\frac{4}{9}=$

㉘ $4\frac{5}{9}-3\frac{17}{21}=$

㉙ $6\frac{3}{5}-4\frac{9}{13}=$

㉚ $7\frac{1}{2}-4\frac{13}{24}=$

㉛ $8\frac{2}{3}-2\frac{9}{11}=$

㉜ $6\frac{5}{12}-2\frac{9}{20}=$

03 정해진 수 빼기

빼지는 수의 분모에 따라 통분하는 방법이 달라져.

● 뺄셈을 해 보세요.

① $\frac{1}{3}$을 빼 보세요.

$2\frac{2}{3}$ $-\frac{1}{3}=2\frac{1}{3}$

통분하지 않아도 뺄 수 있어요.

$1\frac{1}{6}$ $-\frac{1}{3}=\frac{7}{6}-\frac{2}{6}=\frac{5}{6}$

분모의 최소공배수로 통분하는 것이 간단해요.

$2\frac{7}{11}$ ________

분모의 곱으로 통분해요.

② $\frac{2}{5}$를 빼 보세요.

$2\frac{1}{5}$ ________

$3\frac{3}{10}$ ________

$4\frac{4}{13}$ ________

③ $1\frac{1}{6}$을 빼 보세요.

$2\frac{5}{6}$ ________

$3\frac{7}{12}$ ________

$4\frac{2}{5}$ ________

④ $2\frac{3}{4}$을 빼 보세요.

$4\frac{1}{4}$ ________

$4\frac{5}{8}$ ________

$5\frac{5}{9}$ ________

⑤ $1\frac{7}{12}$을 빼 보세요.

$3\frac{5}{12}$ ________

$4\frac{13}{24}$ ________

$5\frac{4}{5}$ ________

뺄셈의 감각

04 어림하여 크기 비교하기

● 계산 결과가 ◯ 안의 수보다 작은 것을 모두 찾아 ○표 하세요.

자연수끼리의 차는 4로 모두 같아요.

① (4)

$4\frac{5}{8}-\frac{2}{5}$ ($6\frac{1}{8}-2\frac{3}{5}$) $5\frac{3}{8}-1\frac{1}{5}$ $4\frac{7}{8}-\frac{4}{5}$

$\frac{5}{8}-\frac{2}{5}=\frac{9}{40}$ $\frac{1}{8}<\frac{3}{5}$이므로 뺄 수 없으므로 자연수에서 받아내림해요. $\frac{3}{8}-\frac{1}{5}=\frac{7}{40}$ $\frac{7}{8}-\frac{4}{5}=\frac{3}{40}$

② (2)

$4\frac{8}{9}-2\frac{5}{7}$ $3\frac{5}{9}-1\frac{1}{7}$ $2\frac{1}{9}-\frac{1}{7}$ $6\frac{4}{9}-4\frac{3}{7}$

③ (3)

$5\frac{5}{7}-2\frac{1}{6}$ $3\frac{3}{7}-\frac{5}{6}$ $4\frac{6}{7}-1\frac{5}{6}$ $3\frac{2}{7}-\frac{1}{6}$

④ (2)

$2\frac{4}{9}-\frac{1}{3}$ $3\frac{2}{9}-1\frac{2}{3}$ $4\frac{7}{9}-2\frac{2}{3}$ $2\frac{1}{9}-\frac{1}{3}$

⑤ (1)

$1\frac{4}{7}-\frac{3}{4}$ $3\frac{5}{7}-2\frac{1}{4}$ $2\frac{6}{7}-1\frac{1}{4}$ $5\frac{3}{7}-4\frac{3}{4}$

⑥ (3)

$6\frac{2}{3}-3\frac{1}{4}$ $3\frac{1}{3}-\frac{1}{4}$ $4\frac{2}{3}-1\frac{3}{4}$ $5\frac{1}{3}-2\frac{3}{4}$

더 간단히 계산할 수 있는 수를 골라 볼까?

05 내가 만드는 뺄셈식

● ☐에서 수를 골라 식을 만들고 뺄셈을 해 보세요. (단, 답은 여러 가지가 될 수 있습니다.)

① $1\frac{1}{2}$ $\frac{3}{10}$

$1\frac{5}{6}-$ 예 $1\frac{1}{2}$ $=$ $\frac{1}{3}$

공통분모를 6으로 하여 계산할 수 있는 $1\frac{1}{2}$을 골랐어요.

$3\frac{3}{5}-$ 예 $\frac{3}{10}$ $=$ ______

② $1\frac{5}{9}$ $2\frac{3}{4}$

$8\frac{2}{3}-$ ______ $=$ ______

$5\frac{5}{16}-$ ______ $=$ ______

③ $1\frac{1}{2}$ $2\frac{4}{7}$

$5\frac{3}{20}-$ ______ $=$ ______

$6\frac{9}{14}-$ ______ $=$ ______

④ $2\frac{5}{18}$ $1\frac{1}{15}$

$4\frac{3}{5}-$ ______ $=$ ______

$6\frac{7}{9}-$ ______ $=$ ______

⑤ $2\frac{5}{8}$ $3\frac{3}{5}$

$7\frac{3}{4}-$ ______ $=$ ______

$6\frac{8}{15}-$ ______ $=$ ______

⑥ $5\frac{2}{9}$ $1\frac{2}{3}$

$7\frac{17}{27}-$ ______ $=$ ______

$10\frac{1}{6}-$ ______ $=$ ______

뺄셈의 원리 같은 수를 연달아 빼면 어떤 수가 될까?

06 화살표를 따라 뺄셈하기

● 뺄셈을 해 보세요.

① $4\frac{2}{3}$ → $-1\frac{1}{6}$ → $3\frac{1}{2}$ → $-1\frac{1}{6}$ → $2\frac{1}{3}$ → $-1\frac{1}{6}$ → ( ) → $-1\frac{1}{6}$ → ( )

② $2\frac{1}{3}$ → $-\frac{7}{12}$ → ( ) → $-\frac{7}{12}$ → ( ) → $-\frac{7}{12}$ → ( ) → $-\frac{7}{12}$ → ( )

③ $1\frac{2}{3}$ → $-\frac{5}{12}$ → ( ) → $-\frac{5}{12}$ → ( ) → $-\frac{5}{12}$ → ( ) → $-\frac{5}{12}$ → ( )

④ $2\frac{1}{2}$ → $-\frac{5}{8}$ → ( ) → $-\frac{5}{8}$ → ( ) → $-\frac{5}{8}$ → ( ) → $-\frac{5}{8}$ → ( )

⑤ $9\frac{1}{9}$ → $-2\frac{5}{18}$ → ( ) → $-2\frac{5}{18}$ → ( ) → $-2\frac{5}{18}$ → ( ) → $-2\frac{5}{18}$ → ( )

⑥ $4\frac{2}{5}$ → $-1\frac{1}{10}$ → ( ) → $-1\frac{1}{10}$ → ( ) → $-1\frac{1}{10}$ → ( ) → $-1\frac{1}{10}$ → ( )

빼셈의 활용

07 시간의 뺄셈

1시간=60분이니까 '시간'을 '분'으로 나타내 보자.

● 몇 시간 몇 분인지 구해 보세요.

'시간'을 '분'으로 나타내려면 분수를 이용해요.

① $1\frac{5}{12}$시간$-\frac{1}{4}$시간 $= 1\frac{1}{6}$시간

➡ 1시간 10분

② $2\frac{1}{2}$시간$-1\frac{5}{12}$시간

➡

③ $3\frac{2}{3}$시간$-1\frac{1}{12}$시간

➡

④ $6\frac{1}{3}$시간$-2\frac{5}{6}$시간

➡

⑤ $4\frac{7}{12}$시간$-2\frac{1}{4}$시간

➡

⑥ $1\frac{5}{6}$시간$-1\frac{7}{12}$시간

➡

⑦ $3\frac{1}{6}$시간$-1\frac{3}{4}$시간

➡

⑧ $3\frac{11}{12}$시간$-2\frac{1}{3}$시간

➡

⑨ $4\frac{1}{6}$시간$-1\frac{1}{3}$시간

➡

⑩ $5\frac{3}{10}$시간$-3\frac{1}{2}$시간

➡

모양 대신 수를 넣어서 생각해 봐.

08 모양이 나타내는 수 구하기

● 모양이 나타내는 수를 구해 보세요.

① ● + ▲ + ■ $= 2\frac{1}{4}$ ● + ▲ $= 1\frac{3}{5}$ ➡ ■ $= 2\frac{1}{4} - 1\frac{3}{5} = \frac{13}{20}$

같음을 이용해요.

② ◆ + ● + ★ $= 9\frac{1}{2}$ ◆ + ● $= 2\frac{2}{5}$ ➡ ★ = ______

③ ● + ♥ + ▲ $= 5\frac{4}{9}$ ♥ + ▲ $= 2\frac{5}{6}$ ➡ ● = ______

④ ■ + ▲ + ♣ $= 2\frac{3}{4}$ ■ + ♣ $= 1\frac{1}{6}$ ➡ ▲ = ______

⑤ ▲ + ★ + ● + ■ $= 6\frac{1}{12}$ ★ + ● $= 4\frac{2}{9}$ ➡ ▲ + ■ = ______

⑥ ◆ + ▲ + ♥ + ♣ $= 7\frac{15}{16}$ ◆ + ▲ $= 3\frac{3}{20}$ ➡ ♥ + ♣ = ______

수직선 위에 분수를 나타내면 분수들의 크기를 한눈에 비교할 수 있어.

09 결과를 수직선에 나타내기

● 뺄셈을 하고 계산 결과를 수직선에 표시해 보세요.

①
가 $5\frac{2}{3}-2\frac{1}{2}=5\frac{4}{6}-2\frac{3}{6}=3\frac{1}{6}$

나 $1\frac{5}{6}-\frac{1}{2}=1\frac{5}{6}-\frac{3}{6}=1\frac{2}{6}=1\frac{1}{3}$

다 $5\frac{1}{10}-2\frac{3}{5}=$ ______

라 $5\frac{13}{21}-2\frac{11}{14}=$ ______

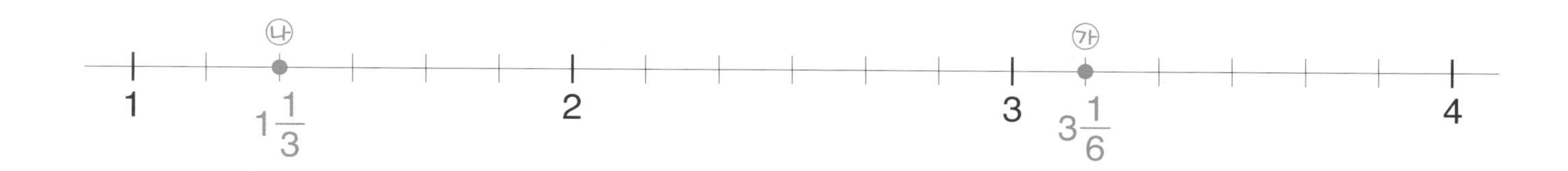

②
마 $4\frac{5}{9}-2\frac{1}{3}=$ ______

바 $5\frac{1}{3}-1\frac{4}{9}=$ ______

사 $6\frac{1}{2}-3\frac{5}{6}=$ ______

아 $4\frac{7}{12}-3\frac{1}{4}=$ ______

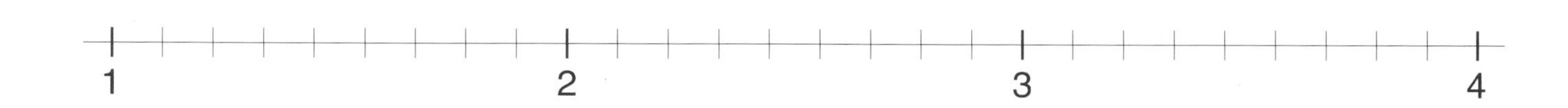

③
자 $3\frac{4}{5}-2\frac{3}{10}=$ ______

차 $2\frac{9}{10}-1\frac{1}{5}=$ ______

카 $6\frac{9}{20}-3\frac{1}{4}=$ ______

타 $5\frac{3}{4}-2\frac{19}{20}=$ ______

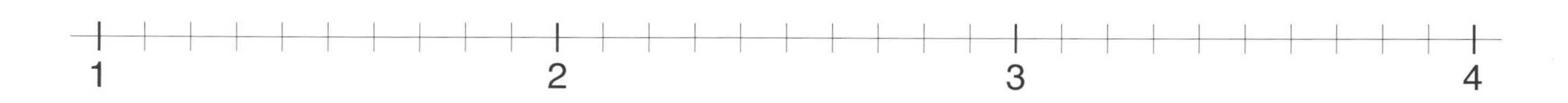

앞에서부터 두 수씩 차례로 계산해 봐.

10 이어서 계산하기

● 계산해 보세요.

① $\frac{1}{2}+\frac{3}{5}+\frac{3}{10}$

$\frac{1}{2}+\frac{3}{5}=$ $1\frac{1}{10}$ ❶ 앞의 두 수를 먼저 더해요.

↓

$1\frac{1}{10}$ $+\frac{3}{10}=$ $1\frac{2}{5}$

❷ 위의 계산 결과에 마지막 수를 더해요.

② $\frac{1}{2}+\frac{1}{6}+\frac{5}{12}$

$\frac{1}{2}+\frac{1}{6}=$ ______

↓

______ $+\frac{5}{12}=$ ______

③ $\frac{2}{3}+\frac{5}{6}-\frac{11}{12}$

$\frac{2}{3}+\frac{5}{6}=$ ______

↓

______ $-\frac{11}{12}=$ ______

④ $\frac{7}{8}+\frac{5}{8}-\frac{1}{6}$

$\frac{7}{8}+\frac{5}{8}=$ ______

↓

______ $-\frac{1}{6}=$ ______

⑤ $\frac{1}{18}+\frac{1}{6}+\frac{2}{9}$

$\frac{1}{18}+\frac{1}{6}=$ ______

↓

______ $+\frac{2}{9}=$ ______

⑥ $\frac{1}{5}+\frac{1}{3}-\frac{4}{15}$

$\frac{1}{5}+\frac{1}{3}=$ ______

↓

______ $-\frac{4}{15}=$ ______

⑦

$$\frac{8}{9}-\frac{1}{3}+\frac{1}{6}$$

$\frac{8}{9}-\frac{1}{3}=$ ______

↓

______ $+\frac{1}{6}=$ ______

⑧

$$\frac{5}{8}-\frac{1}{2}+\frac{4}{5}$$

$\frac{5}{8}-\frac{1}{2}=$ ______

↓

______ $+\frac{4}{5}=$ ______

⑨

$$\frac{7}{12}-\frac{1}{3}-\frac{1}{6}$$

$\frac{7}{12}-\frac{1}{3}=$ ______

↓

______ $-\frac{1}{6}=$ ______

⑩

$$\frac{5}{6}-\frac{5}{12}-\frac{1}{8}$$

$\frac{5}{6}-\frac{5}{12}=$ ______

↓

______ $-\frac{1}{8}=$ ______

⑪

$$\frac{11}{12}-\frac{1}{6}+\frac{3}{4}$$

$\frac{11}{12}-\frac{1}{6}=$ ______

↓

______ $+\frac{3}{4}=$ ______

⑫

$$\frac{9}{10}-\frac{1}{5}-\frac{1}{4}$$

$\frac{9}{10}-\frac{1}{5}=$ ______

↓

______ $-\frac{1}{4}=$ ______

11 한꺼번에 계산하기

● 세 분수를 통분하여 한꺼번에 계산해 보세요.

① $\frac{1}{2}+\frac{1}{3}+\frac{1}{6}=\frac{3+2+1}{6}=\frac{6}{6}=1$

❶ 2, 3, 6의 최소공배수는 6이에요. ❷ 6으로 한꺼번에 통분해요. ❸ 앞에서부터 차례로 더해요.

② $\frac{2}{5}+\frac{1}{4}+\frac{1}{20}=$

5, 4, 20의 최소공배수는 20이에요.

③ $\frac{1}{3}+\frac{3}{4}-\frac{7}{8}=$

분모를 통분해서 분자끼리 계산할 때도 순서대로 계산해야 해.

④ $\frac{3}{8}-\frac{3}{10}+\frac{3}{5}=$

⑤ $\frac{4}{5}+\frac{1}{9}-\frac{8}{15}=$

⑥ $\frac{3}{4}-\frac{5}{9}-\frac{1}{6}=$

⑦ $\frac{2}{3}-\frac{1}{6}-\frac{2}{5}=$

⑧ $\frac{2}{5}-\frac{1}{4}+\frac{3}{8}=$

⑨ $\frac{4}{5}-\frac{3}{10}+\frac{5}{8}=$

⑩ $\frac{2}{3}-\frac{11}{18}+\frac{7}{9}=$

⑪ $\frac{3}{4}+\frac{9}{11}-\frac{1}{2}=$

⑫ $\frac{8}{9}-\frac{2}{5}-\frac{1}{3}=$

⑬ $\frac{5}{6}+\frac{9}{14}-\frac{1}{4}=$

알지?

두 공약수만 있어도 나눌 수 있어.

5)	5	8	10
2)	1	8	2
×	1	4	1

공약수가 없는 수는 내려 써.

40

수능까지 연결되는 독해 로드맵

디딤돌 독해력은 수능까지 연결되는 체계적인 라인업을 통하여
수능에서 요구하는 핵심 독해 원리에 대한 이해는 물론,
단계 별로 심화되며 연결되는 학습의 과정을 통해
깊이 있고 종합적인 독해 사고의 능력까지 기를 수 있도록 도와줍니다.

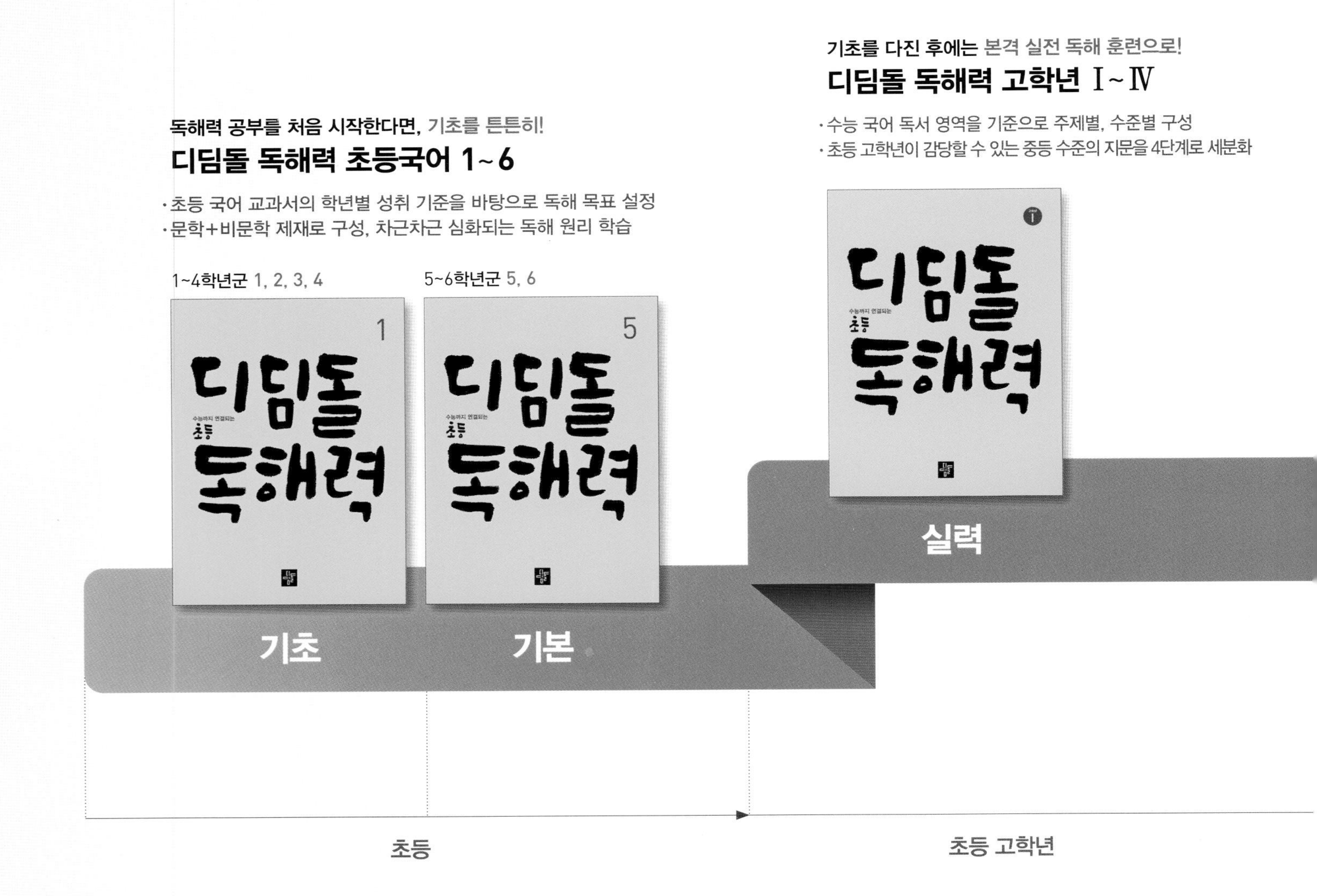

독해력 공부를 처음 시작한다면, 기초를 튼튼히!
디딤돌 독해력 초등국어 1~6
·초등 국어 교과서의 학년별 성취 기준을 바탕으로 독해 목표 설정
·문학+비문학 제재로 구성, 차근차근 심화되는 독해 원리 학습
1~4학년군 1, 2, 3, 4
5~6학년군 5, 6
디딤돌 초등 독해력
기초
기본
기초를 다진 후에는 본격 실전 독해 훈련으로!
디딤돌 독해력 고학년 Ⅰ~Ⅳ
·수능 국어 독서 영역을 기준으로 주제별, 수준별 구성
·초등 고학년이 감당할 수 있는 중등 수준의 지문을 4단계로 세분화
실력
초등
초등 고학년

5A

디딤돌 연산은 수학이다.

정답과 학습지도법

디딤돌
연산은
수학이다.

정답과
학습지도법

1 덧셈과 뺄셈의 혼합 계산

혼합 계산에서의 기본 원칙은 앞에서부터 두 수씩 차례로 계산하는 것입니다. 덧셈과 뺄셈의 성질을 이용하여 계산이 편리하도록 계산 순서를 정하는 방법은 기본 원칙을 완벽히 익힌 후에 생각해 보게 해 주세요. 또한 계산 순서에 영향을 주는 괄호의 역할을 문제를 통해 이해할 수 있도록 합니다.

01 계산 순서 나타내기 8쪽

① 19－6＋5

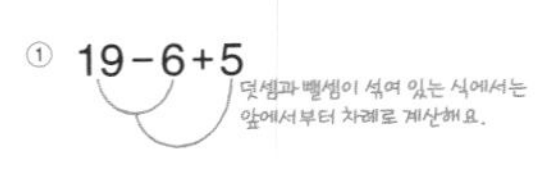

덧셈과 뺄셈이 섞여 있는 식에서는
앞에서부터 차례로 계산해요.

② 19－(6＋5)

( )가 있는 식에서는
( ) 안을 먼저 계산해요.

③ 14－9＋5

④ 14＋15－8

⑤ 22＋14－25

⑥ 22＋(14－5)

⑦ 17－(4＋5)

⑧ 18－(3＋9)

⑨ 21＋(10－7)

⑩ 24－(5＋6)

⑪ 28－(30－20)

⑫ 29－(19－3)

혼합 계산의 성질 ● 계산 순서

계산식에서의 괄호

( )를 하는 이유는 이 부분만 따로 묶어서 계산한다는 뜻입니다. 즉, ( )로 묶은 것을 하나의 수로 생각하는 것과 같습니다. 따라서 계산식에 ( )가 있는 경우 모든 계산보다 우선이 되고 여러 개의 괄호가 있는 경우에는 안쪽의 괄호 안부터 계산합니다.

02 순서에 따라 계산하기 9~10쪽

① 28－8＋9＝29

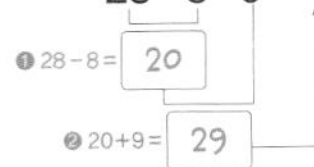

② 15－10＋5＝10 (5, 10)

③ 25－8＋7＝24 (17, 24)

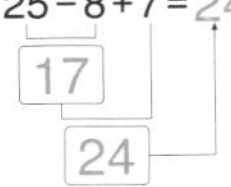

④ 14＋5－6＝13 (19, 13)

⑤ 26＋4－15＝15 (30, 15)

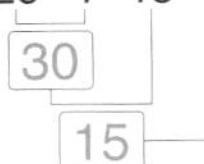

⑥ 28＋9－11＝26 (37, 26)

⑦ 13＋(25－4)＝34 (21, 34)

⑧ 21－15＋17＝23 (6, 23)

⑨ 35＋(21－9)＝47 (12, 47)

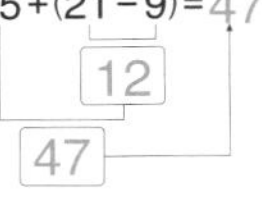

⑩ 39－(13＋7)＝19 (20, 19)

⑪ 57－(30－19)＝46 (11, 46)

⑫ 12＋12＋15－8＝31 (24, 39, 31)

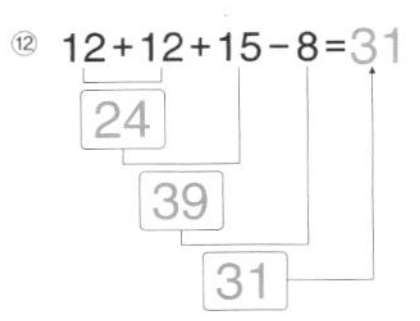

⑬ 23＋(5＋6)－12＝22 (11, 34, 22)

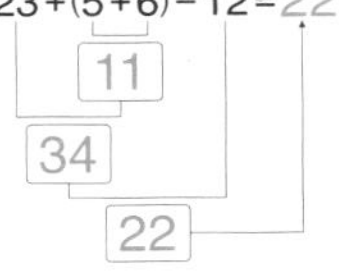

⑭ 57－11－9＋7＝44 (46, 37, 44)

⑮ 27＋13－15－11＝14 (40, 25, 14)

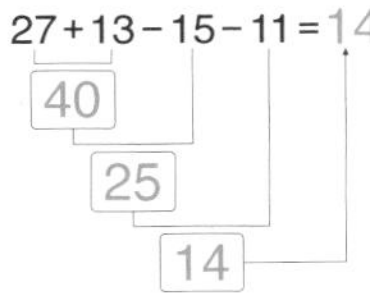

⑯ 48－(11＋11)＋4＝30 (22, 26, 30)

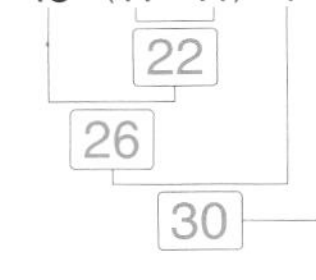

⑰ 51－(22＋8＋13)＝8 (30, 43, 8)

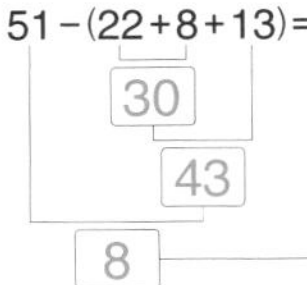

⑱ 93－(38－15－5)＝75 (23, 18, 75)

혼합 계산의 성질 ● 계산 순서

03 순서를 표시하고 계산하기 11~12쪽

① 14+5-8=11
② 18-2+5=21
③ 24+15-9=30
④ 21+(35-14)=42
⑤ 29-16+9=22
⑥ 30+(45-11)=64
⑦ 59-(17+3)=39
⑧ 53+17-19=51
⑨ 48-17-8=23
⑩ 39-(27-15)=27
⑪ 38-(19+16)=3
⑫ 45-(85-41)=1
⑬ 12+13-10+7=22
⑭ 18+22-12-8=20
⑮ 15+12-17+8=18
⑯ 56-11+18-24=39
⑰ 21+15-12-8=16
⑱ 28+(95-72)-41=10
⑲ 100-(17-8)+4=95
⑳ 47-23+(15+6)=45
㉑ 72-(20+5)+12=59
㉒ 100-83+17-9=25
㉓ 44+(78-23-5)=94

가장 많이 하는 실수! 23-10+(15-8) ✕
( ) 안 계산 후 앞에서부터! 23-10+(15-8) ○

혼합 계산의 성질 ● 계산 순서

04 기호를 바꾸어 계산하기 13쪽

① 14, 16, 10
② 13, 15, 7
③ 25, 17, 7
④ 18, 20, 4
⑤ 24, 36, 14
⑥ 32, 32, 0
⑦ 30, 18, 6
⑧ 24, 30, 10
⑨ 45, 25, 15
⑩ 40, 50, 26

혼합 계산의 원리 ● 계산 방법 이해

05 괄호를 넣어 비교하기 14쪽

① 11, 7
② 6, 6
③ 12, 26
④ 55, 29
⑤ 7, 11
⑥ 60, 40
⑦ 75, 75
⑧ 42, 18
⑨ 24, 30
⑩ 14, 4
⑪ 86, 54
⑫ 31, 31

혼합 계산의 성질 ● 계산 순서

06 계산하지 않고 크기 비교하기 15쪽

① <
② <
③ >
④ <
⑤ <
⑥ <
⑦ >
⑧ =
⑨ =
⑩ >
⑪ <
⑫ >
⑬ >
⑭ >
⑮ >
⑯ <

혼합 계산의 원리 ● 계산 원리 이해

07 지워서 계산하기 16쪽

① 14+2−2+3=14+3=17 (2−2=0 ❶ 0이 되는 두 수를 지워요. ❷ 남은 수를 계산해요.)

② 25+7+3−7=28

③ 39−15+15+11=50

④ 36+18−15−36=3

⑤ 27−18+3+18=30

⑥ 52+23−23+16=68

⑦ 97+12−97+16=28

⑧ 62−25+25+8=70

⑨ 113−48+48+27=140

⑩ 82+40−19−82=21

⑪ 100−74+74−100=0

⑫ 49+(28+34−28)=83

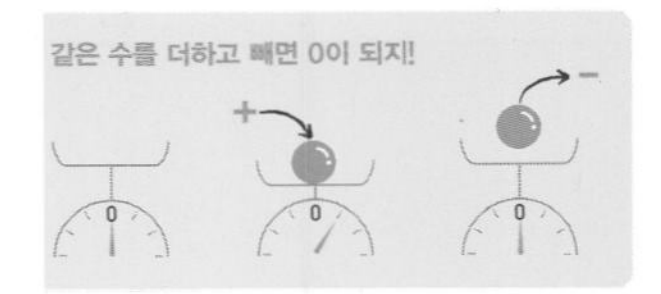

⑬ (89−21+21)−79=10

⑭ 84−(15+23−15)=61

혼합 계산의 원리 ● 계산 원리 이해

08 처음 수가 되는 계산하기 17쪽

① 17, 10, 13, 15
② 30, 26, 27, 21
③ 19, 11, 14, 18
④ 29, 21, 23, 24
⑤ 40, 32, 25, 35

혼합 계산의 원리 ● 계산 원리 이해

09 수직선 완성하기 18쪽

① 29 ② 25
③ 17 ④ 46
⑤ 81 ⑥ 31
⑦ 48 ⑧ 41
⑨ 38 ⑩ 15
⑪ 64 ⑫ 36

혼합 계산의 활용 ● 혼합 계산의 적용

10 0이 되는 식 만들기 19쪽

① 20 ② 17
③ 20 ④ 23
⑤ 0 ⑥ 2
⑦ 4 ⑧ 10
⑨ 25 ⑩ 25
⑪ 28 ⑫ 10
⑬ 5 ⑭ 10
⑮ 20 ⑯ 22

혼합 계산의 감각 ● 수의 조작

역원

역원은 연산을 한 결과가 항등원이 되도록 만들어 주는 수를 뜻합니다. 예를 들어 $a+b=b+a=0$이면 b는 a의 덧셈에 대한 역원이고, $a\times b=b\times a=1$이면 b는 a의 곱셈에 대한 역원입니다.
역원이라는 용어는 항등원과 함께 고등에서 다뤄지지만 중등에서 '역수'를 다루면서 자연스럽게 그 개념을 배우게 됩니다. 디딤돌 연산에서는 '0이 되는 덧셈 / 뺄셈', '1이 되는 곱셈'을 통해 초등 단계부터 역원의 개념을 경험할 수 있도록 하였습니다.

2 곱셈과 나눗셈의 혼합 계산

곱셈과 나눗셈의 혼합 계산 역시 앞에서부터 두 수씩 차례로 하는 것이 기본 원칙입니다. 순서를 바꾸어 계산했을 때의 결과와 바르게 계산한 결과를 비교하게 하여 기본 원칙을 완벽히 익힐 수 있도록 지도해 주세요. 또한 괄호가 있는 경우와 없는 경우를 비교하여 괄호의 역할을 이해할 수 있도록 합니다.

01 계산 순서 나타내기 22쪽

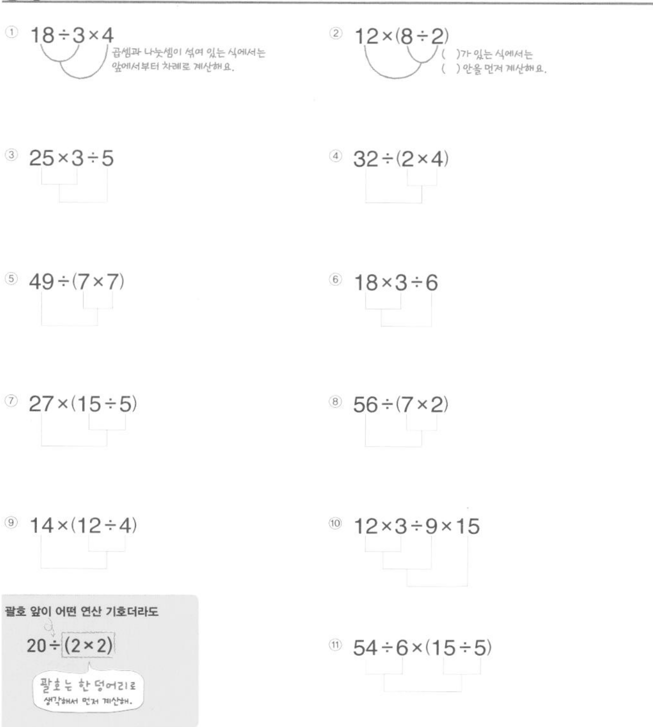

① 18÷3×4
곱셈과 나눗셈이 섞여 있는 식에서는 앞에서부터 차례로 계산해요.
② 12×(8÷2)
( )가 있는 식에서는 ( ) 안을 먼저 계산해요.
③ 25×3÷5
④ 32÷(2×4)
⑤ 49÷(7×7)
⑥ 18×3÷6
⑦ 27×(15÷5)
⑧ 56÷(7×2)
⑨ 14×(12÷4)
⑩ 12×3÷9×15
괄호 앞이 어떤 연산 기호더라도
20÷(2×2)
괄호는 한 덩어리로 생각해서 먼저 계산해.
⑪ 54÷6×(15÷5)

02 순서에 따라 계산하기 23~24쪽

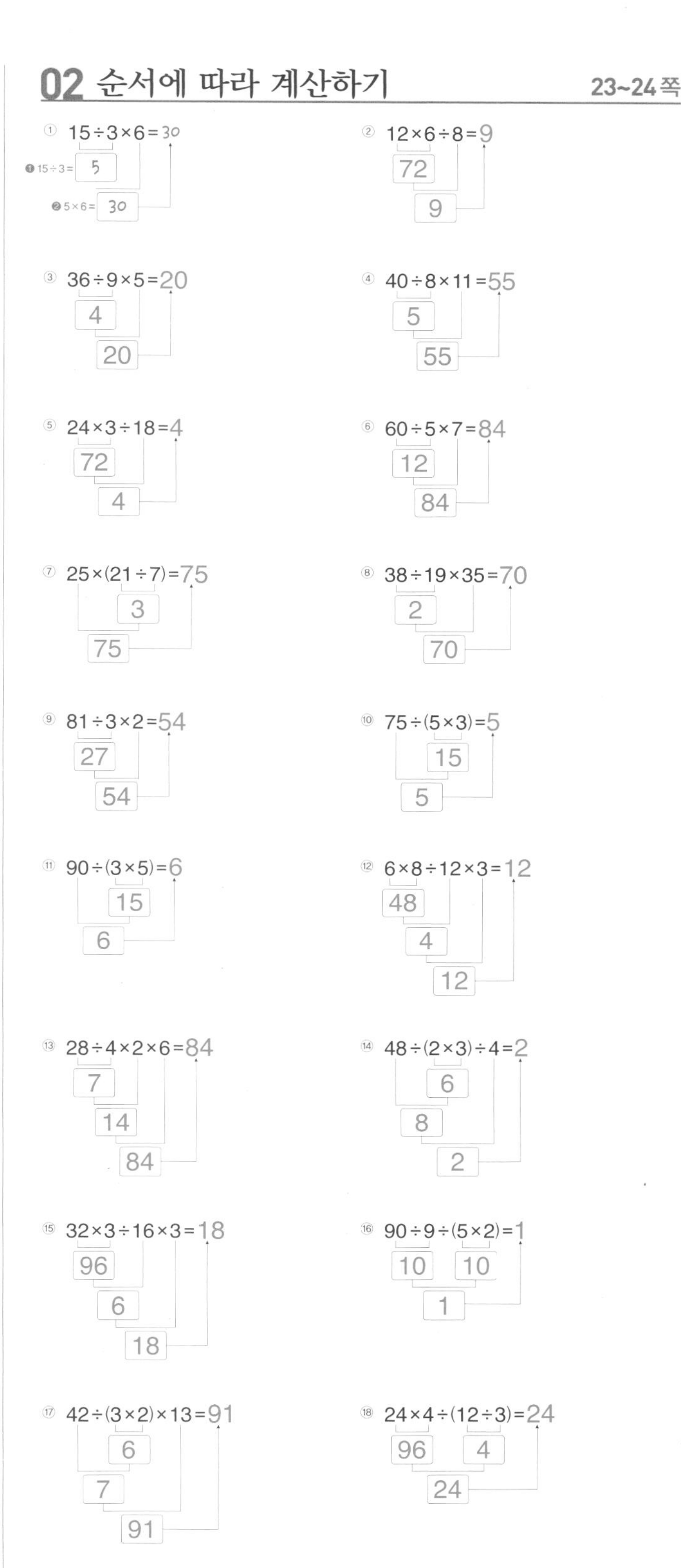

혼합 계산의 성질 ● 계산 순서

혼합 계산의 성질 ● 계산 순서

03 순서를 표시하고 계산하기 25~26쪽

① $14 \div 2 \times 5 = 35$

② $12 \times 5 \div 6 = 10$

③ $12 \div 3 \times 12 = 48$

④ $15 \times (35 \div 7) = 75$

⑤ $22 \times 5 \div 11 = 10$

⑥ $80 \div (4 \times 4) = 5$

⑦ $54 \div (3 \times 6) = 3$

⑧ $25 \times 3 \div 15 = 5$

⑨ $51 \div 17 \times 9 = 27$

⑩ $30 \times (16 \div 4) = 120$

⑪ $96 \div (8 \times 6) = 2$

⑫ $37 \times (56 \div 28) = 74$

⑬ $12 \times 3 \div 9 \times 7 = 28$

⑭ $48 \div 6 \times 12 \div 16 = 6$

⑮ $57 \div 3 \times 2 \div 19 = 2$

⑯ $60 \div (4 \times 3) \times 5 = 25$

⑰ $36 \div 2 \times 3 \times 2 = 108$

⑱ $48 \times (16 \div 8) \div 24 = 4$

⑲ $91 \div (52 \div 4) \times 6 = 42$

⑳ $75 \times 3 \div (15 \times 5) = 3$

㉑ $6 \times (16 \div 4) \times 3 = 72$

㉒ $63 \div 9 \times (52 \div 13) = 28$

㉓ $120 \div (12 \div 4 \times 8) = 5$

㉔ $11 \times (18 \div 9 \times 5) = 110$

혼합 계산의 성질 ● 계산 순서

04 기호를 바꾸어 계산하기 27쪽

① 9, 25, 1
② 8, 32, 2
③ 9, 16, 1
④ 8, 50, 2
⑤ 12, 27, 3
⑥ 25, 25, 1
⑦ 18, 98, 2
⑧ 9, 169, 1
⑨ 32, 128, 2
⑩ 8, 578, 2

혼합 계산의 원리 ● 계산 원리 이해

05 계산하지 않고 크기 비교하기 28쪽

① <
② <
③ <
④ >
⑤ <
⑥ <
⑦ <
⑧ <
⑨ =
⑩ =
⑪ >
⑫ >
⑬ <
⑭ >
⑮ <
⑯ <

혼합 계산의 원리 ● 계산 원리 이해

06 지워서 계산하기 29쪽

① $15\times2\div2\times3=15\times3=45$ (2÷2=1 ❶ 1이 되는 두 수를 지워요. ❷ 남은 수를 계산해요.)

② $16\times4\div8\div4=2$

③ $24\times5\div5\div12=2$

④ $24\times12\div3\div24=4$

⑤ $30\div15\times3\times15=90$

⑥ $46\div23\times23\div2=23$

⑦ $84\times12\div4\div12=21$

⑧ $50\div25\times25\times8=400$

⑨ $21\times36\div36\div7=3$

⑩ $92\times40\div8\div92=5$

⑪ $100\div25\times25\div100=1$

⑫ $9\times39\div9\div13=3$

⑬ $18\times23\div18\div23=1$

⑭ $12\times45\div45\div3=4$

⑮ $56\div(14\times7\div7)=4$

⑯ $81\div(27\times9\div9)=3$

혼합 계산의 원리 ● 계산 원리 이해

07 괄호를 넣어 비교하기 30~31쪽

① 54, 6
② 9, 9
③ 2, 8
④ 20, 20
⑤ 108, 3
⑥ 8, 8
⑦ 108, 3
⑧ 25, 25
⑨ 2, 8
⑩ 180, 5
⑪ 42, 42
⑫ 162, 2
⑬ 8, 8
⑭ 5, 20
⑮ 18, 18
⑯ 49, 1
⑰ 27, 3
⑱ 4, 16
⑲ 16, 16
⑳ 3, 27
㉑ 9, 1
㉒ 40, 10
㉓ 27, 27
㉔ 2, 50

혼합 계산의 성질 ● 계산 순서

08 처음 수가 되는 계산하기 32쪽

① 30, 90, 3, 15
② 80, 10, 40, 20
③ 2, 6, 12, 24
④ 150, 50, 10, 30
⑤ 51, 204, 102, 17
⑥ 144, 18, 9, 36

혼합 계산의 원리 ● 계산 원리 이해

09 1이 되는 식 만들기 33쪽

① 24
② 36
③ 18
④ 40
⑤ 3
⑥ 2
⑦ 7
⑧ 5
⑨ 60
⑩ 45
⑪ 64
⑫ 13
⑬ 3
⑭ 12
⑮ 3
⑯ 4

혼합 계산의 감각 ● 수의 조작

숫자 1

한 자리 수의 첫째 수, 즉 자연수의 첫째 수입니다. 자연수(Natural Number)는 1, 2, 3, ...을 뜻하며 사물의 개수를 셀 때 사용합니다. 이 자연수의 첫째 숫자라는 표현을 1로 쓰는 것이 의미 있습니다.
또 1은 곱셈 연산에 대한 항등원이기도 합니다. 쉽게 말해서 어떤 수에 1을 곱하면 항상 어떤 수가 나옵니다.

3 덧셈, 뺄셈, 곱셈(나눗셈)의 혼합 계산

학생들이 × 또는 ÷은 +, −보다 항상 먼저 계산한다는 원칙을 알고 있어도 복잡한 계산식에서는 실수하기 쉽습니다. 따라서 혼합 계산식을 계산할 때는 계산하기 전에 먼저 순서를 표시하게 한 후 그 순서에 따라 계산할 수 있도록 해 주세요. 계산할 때에는 풀이 과정을 정돈되게 쓰도록 하여 답이 틀렸을 경우 학생 스스로 점검해 보게 합니다.

01 계산 순서 나타내기 36쪽

① 22+3×5
덧셈, 뺄셈, 곱셈이 섞여 있는 식에서는 곱셈을 먼저 계산해요.

② 25−14÷2

③ 6×9+15

④ 18÷2−4

⑤ 27−2×(4+9)
( )가 있는 식에서는 ( ) 안을 먼저 계산해요.

⑥ 36+12÷(6−4)

⑦ 35÷(8−3)+26

⑧ 23+(30−15)÷5

⑨ 27+(36−6)÷3

⑩ 7×12−(14+9)

⑪ (21−5)÷4+3

⑫ 35+7×(13−8)

02 순서에 따라 계산하기 37~38쪽

① 40−4×9=4
❶ 4×9= 36
❷ 40−36= 4

② 21−18÷3=15
6
15

③ 12+9×5=57
45
57

④ 16+32÷8=20
4
20

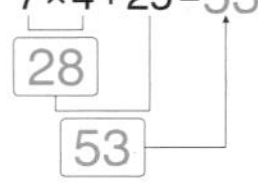

⑤ 7×4+25=53
28
53

⑥ 60÷5−7=5
12
5

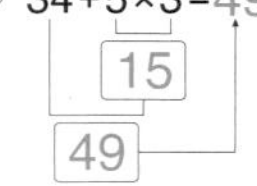

⑦ 34+5×3=49
15
49

⑧ 36÷2−9=9
18
9

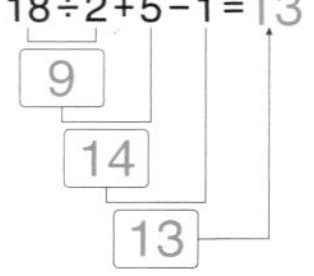

⑨ 18÷2+5−1=13
9
14
13

⑩ 24+12×3−18=42
36
60
42

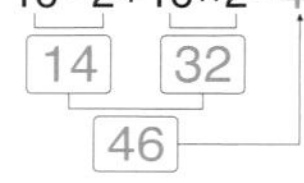

⑪ 16−2+16×2=46
14 32
46

⑫ 3×25−(19+7)=49
75 26
49

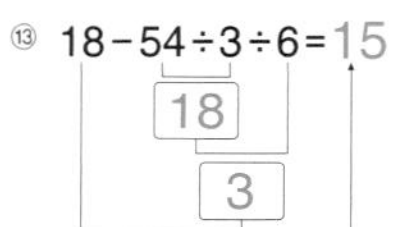

⑬ 18−54÷3÷6=15
18
3
15

⑭ 5×11+25−46=34
55
80
34

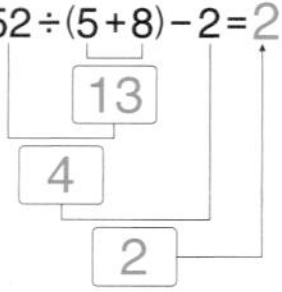

⑮ 52÷(5+8)−2=2
13
4
2

⑯ 68−(16+9)÷5=63
25
5
63

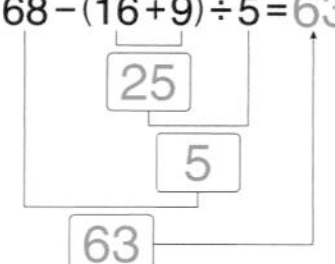

⑰ 47−69÷23−5=39
3
44
39

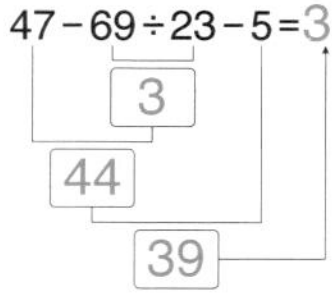

⑱ 4+81÷(18−9)=13
9
9
13

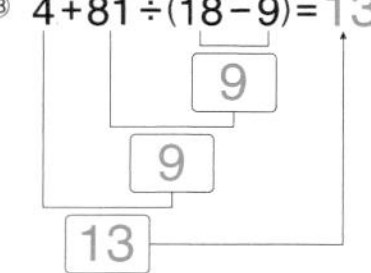

03 순서를 표시하고 계산하기 39~40쪽

① $19-3\times4=7$
② $12\times3+12=48$
③ $21\div3-4=3$
④ $26-15\div3=21$
⑤ $24\div3+6-7=7$
⑥ $31-9\times2+15=28$
⑦ $6+(24-12)\div2=12$
⑧ $24-18+28\div4=13$
⑨ $8\times(16-9)-16=40$
⑩ $9\times10-3\times9=63$
⑪ $84\div12-(9-6)=4$
⑫ $64\div(5+3)-4=4$
⑬ $50-2\times6\times4=2$
⑭ $24+8-40\div8=27$
⑮ $(19-16)\times7+24=45$
⑯ $14-64\div(4+4)=6$
⑰ $23-48\div4-10=1$
⑱ $6\times(16-7)+18=72$
⑲ $64\div4-15+9=10$
⑳ $10\times12-(10+12)=98$
㉑ $30+39\div(52\div4)=33$
㉒ $130-(19+13)\times4=2$
㉓ $(24+75-18)\div9=9$
㉔ $112\div(22+25-33)=8$

혼합 계산의 성질 ● 계산 순서

04 기호를 바꾸어 계산하기 41쪽

① 36, 12, 24
② 50, 10, 30
③ 39, 12, 24
④ 90, 18, 54
⑤ 65, 20, 40
⑥ 56, 0, 0
⑦ 64, 10, 20
⑧ 85, 5, 15
⑨ 64, 0, 0
⑩ 70, 10, 20

혼합 계산의 원리 ● 계산 원리 이해

05 괄호를 넣어 비교하기 42쪽

① 43, 43, 10
② 46, 9, 46
③ 1, 2, 1
④ 74, 54, 10
⑤ 10, 21, 0
⑥ 35, 35, 5
⑦ 53, 4, 53
⑧ 53, 38, 1
⑨ 44, 4, 44

혼합 계산의 성질 ● 계산 순서

06 처음 수가 되는 계산하기 43쪽

① 18, 6, 4, 15
② 36, 30, 32, 18
③ 32, 8, 10, 30
④ 40, 43, 30, 20
⑤ 15, 45, 46, 23
⑥ 3, 25, 21, 33

혼합 계산의 원리 ● 계산 원리 이해

07 하나의 식으로 만들기 44쪽

① $51 \div (12-9)=17$

② $5 \times (14+6)=100$

③ $(8+4) \times 3-15=21$

④ $(21-12) \times 5-22=23$

⑤ $3 \times (9+10)-17=40$

혼합 계산의 활용 ● 혼합 계산의 적용

08 0이 되는 식 만들기 45쪽

① 4 ② 5
③ 2 ④ 8
⑤ 27 ⑥ 28
⑦ 45 ⑧ 69
⑨ 9 ⑩ 6
⑪ 8 ⑫ 8
⑬ 3 ⑭ 2
⑮ 3 ⑯ 5

혼합 계산의 감각 ● 수의 조작

숫자 0

없음을 나타내는 수로 인도에서 이 숫자의 개념을 처음 생각하였다고 합니다.

0은 사칙 연산에 대한 여러 가지 특수성을 지니고 있습니다.

- 덧셈: 0에 어떤 수를 더하거나 어떤 수에 0을 더하면 어떤 수 자신이 됩니다.
- 뺄셈: 어떤 수에서 0을 빼면 어떤 수 자신이 됩니다.
- 곱셈: 어떤 수에 0을 곱하면 무조건 0이 됩니다. 또한 곱했을 때 결과가 0이 나왔다면 곱한 수 중 적어도 하나는 0입니다.
- 나눗셈: 0을 0이 아닌 수로 나누면 0입니다. 0과 곱해서 1이 되는 수는 없으므로 0으로 나누기는 생각하지 않습니다.

4 덧셈, 뺄셈, 곱셈, 나눗셈의 혼합 계산

자연수의 사칙 연산을 마무리하는 학습입니다. 혼합 계산은 자연수에서 뿐만 아니라 앞으로 배울 분수, 소수의 혼합 계산에서도 배우게 되므로 계산 순서를 정확하게 숙달할 수 있도록 지도해 주세요.

01 계산 순서 나타내기 48쪽

① $10+7 \times 8-42 \div 3$

곱셈과 나눗셈 → 덧셈과 뺄셈 순서로 계산해요.

② $28-3 \times 4 \div 2+9$

③ $36 \div 6 \times 8+11-9$

④ $6 \times 3+11-12 \div 2$

⑤ $22+8 \times 6 \div 12-13$

⑥ $18 \div 3+12 \times 2-15$

⑦ $(8+12) \div 4 \times 2-1$

( )가 있는 식에서는 ( ) 안을 먼저 계산해요.

⑧ $15 \times 6-(76+8) \div 7$

⑨ $20-(2 \times 4+22) \div 6$

⑩ $24+(29-14) \div 5 \times 3$

⑪ $43-(8 \times (4+2) \div 3)$

⑫ $((12-2) \times 3+2) \div 4$

혼합 계산의 성질 ● 계산 순서

02 순서에 따라 계산하기 49~50쪽

① 26−6×3+18÷2=17

② 16+33÷3−4×5=7

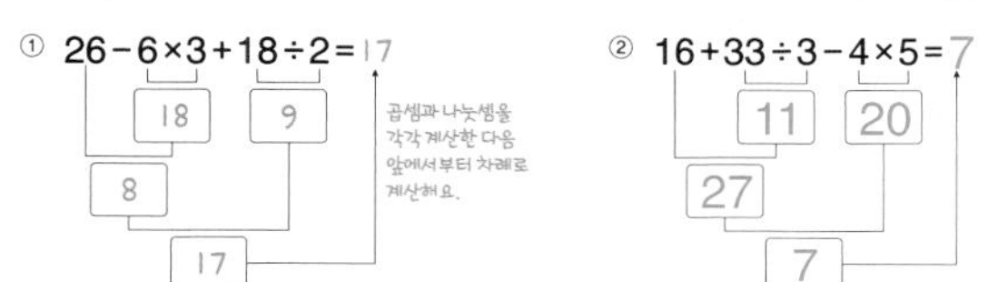

③ 9×4+14−36÷4=41

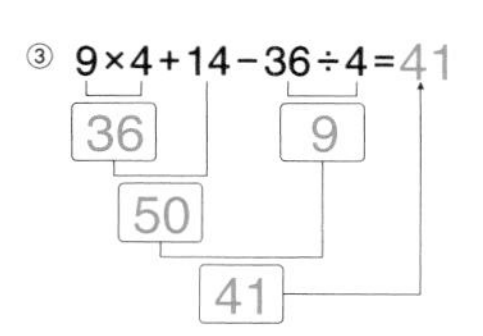

④ 21−8×2+21÷3=12

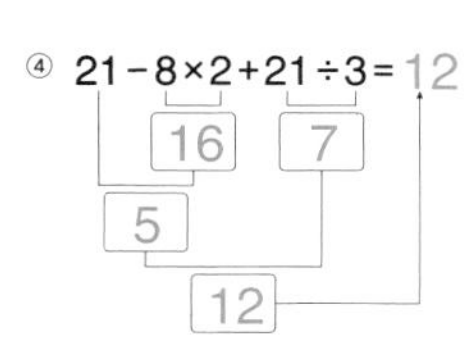

⑤ 10−(14+10)×2÷8=4

⑥ 27+26×3÷13−16=17

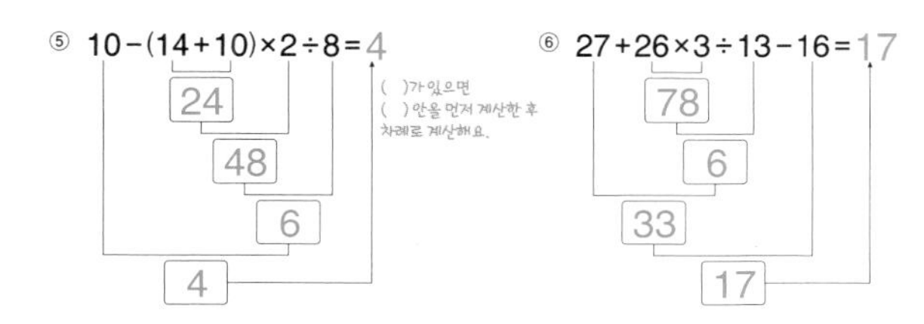

⑦ 36÷6+(26−13)×3=45

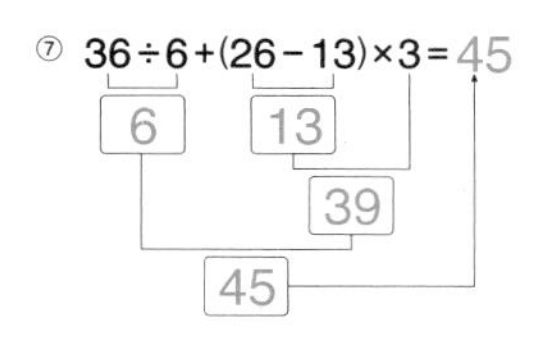

⑧ (12+3)×6−35÷7=85

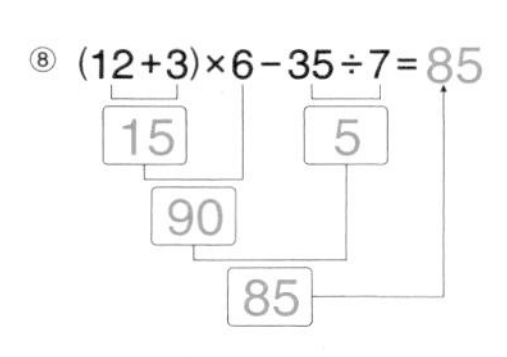

⑨ 30−(3×(8+4)÷9)=26

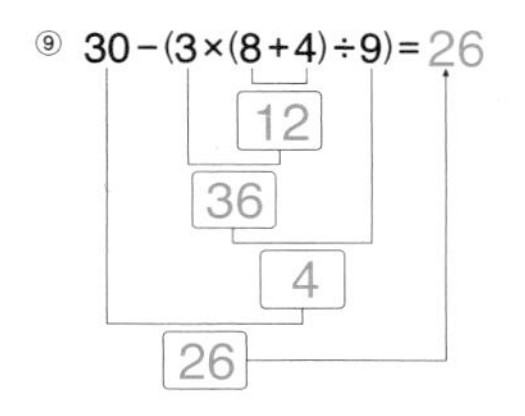

⑩ 72÷(2×(15−9)+12)=3

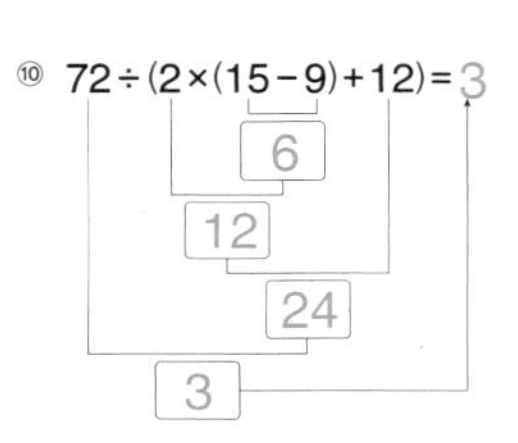

⑪ (16+(27−9)×3)÷7=10

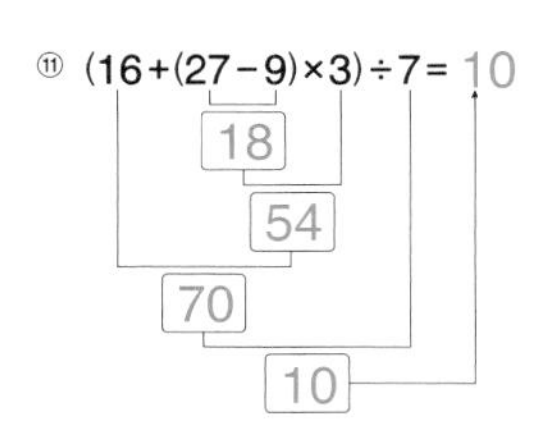

⑫ 2×(30−90÷(28+17))=56

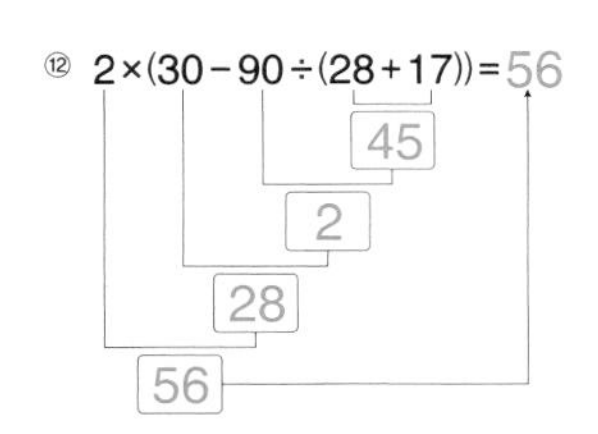

⑬ (42−(19+16)÷5)×2+8=78

⑭ 50+(61−(42−38)×4)÷9=55

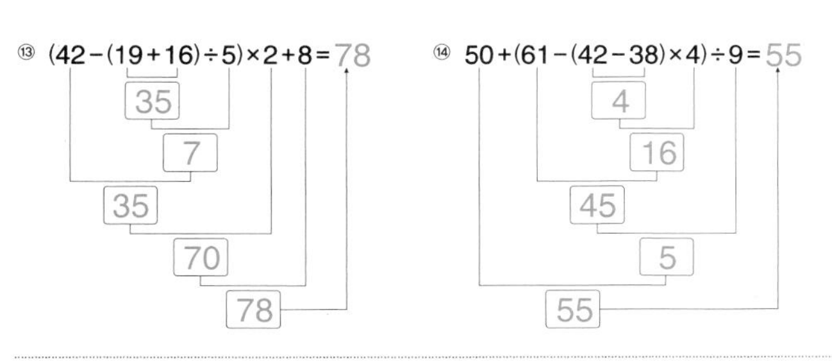

03 순서를 표시하고 계산하기 51~52쪽

① 14×3+50−42÷6=85

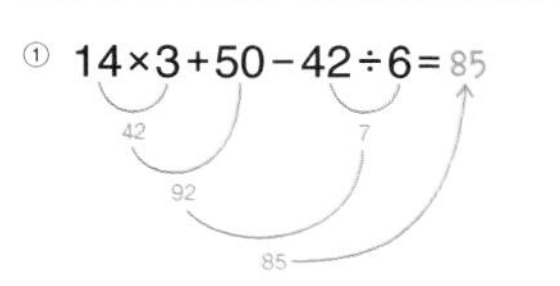

② 3×9−48÷3+12=23

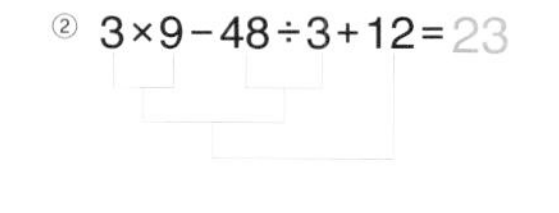

③ 36÷9+8×1−8=4

④ 47−80÷5+11×3=64

⑤ 16+(23−2)÷7×5=31

⑥ 28÷(6+8)×25−35=15

⑦ 12×6−8+32÷4=72

⑧ 14×4−(50+76)÷6=35

⑨ 50−7×7+65÷5=14

⑩ 8×7−42÷(2+12)=53

⑪ 21×(18−(3+5))÷7=30

⑫ 20−48÷(13+3)×6=2

⑬ 5×((42+18)÷12−3)=10

⑭ 72−(63÷3+10×3)=21

⑮ 75÷((7+4)×5−30)=3

⑯ (5×8−(18+36)÷9)×2=68

⑰ 72−(4×9+(32−5)÷3)=27

⑱ 50−((13−8)×9−34÷17)=7

⑲ 6×((56−8)÷12+7)=66

⑳ 134÷(93÷3+(15−6)×4)=2

04 괄호를 넣어 비교하기 53쪽

① 14, 14, 11
② 12, 28, 4
③ 19, 49, 17
④ 12, 12, 8
⑤ 19, 33, 19
⑥ 42, 48, 62
⑦ 27, 15, 27
⑧ 42, 68, 42
⑨ 8, 8, 26
⑩ 40, 54, 68

혼합 계산의 성질 ● 계산 순서

05 계산하지 않고 크기 비교하기 54쪽

① >
② >
③ <
④ >
⑤ >
⑥ >
⑦ <
⑧ <

혼합 계산의 원리 ● 계산 원리 이해

06 하나의 식으로 만들기 55쪽

① $38-(5\times4+6)\div2=25$
② $9\times(8-35\div7)+5=32$
③ $50-(1+42\div3)\times2=20$
④ $5\times(2+4\times9)\div10=19$
⑤ $13-2-(19-15\times4\div6)=2$
⑥ $58-(2+22\div2)\times3=19$
⑦ $(88-3\times12)\div4+2=15$

혼합 계산의 활용 ● 혼합 계산의 적용

5 약수와 배수

약수와 배수는 이제까지 학습한 계산 원리를 토대로 수의 성질을 배우는 단계입니다.
초등 학습에서 처음으로 '추상화'가 이루어지게 되므로 많은 학생들이 어려워하고, 수학을 포기하는 사람이 생겨나는 첫 시점이기도 합니다.
약수는 ÷로, 배수는 ×로 접근하게 되지만, ×와 ÷의 관계를 이해하여 약수, 배수의 개념을 이해하는 것이 중요합니다.
또한 약수는 중등 학습에서 '인수'의 개념으로 이어지고, 소수(素數), 합성수 등으로 확장되기 때문에 그 흐름이 매끄럽도록 초등 수준의 문제로 실었습니다.
수가 여러 수들의 곱으로 이루어져 있다는 것과 약수와 배수의 관계를 충분히 알 수 있도록 지도해 주세요.

01 나눌 수 있는 수 찾기 58쪽

① 1, 2, 4, 8에 색칠하기
② 1, 3, 9에 색칠하기
③ 1, 2, 5, 10에 색칠하기
④ 1, 2, 3, 4, 6, 12에 색칠하기
⑤ 1, 2, 7, 14에 색칠하기
⑥ 1, 3, 5, 15에 색칠하기
⑦ 1, 2, 4, 8, 16에 색칠하기

수의 원리

02 나눗셈을 이용하여 약수 구하기 59~60쪽

① 1, 2, 4 / 1, 2, 4
② 1, 3, 9 / 1, 3, 9
③ 1, 2, 3, 6 / 1, 2, 3, 6
④ 1, 2, 4, 8 / 1, 2, 4, 8
⑤ 1, 2, 5, 10 / 1, 2, 5, 10
⑥ 1, 2, 7, 14 / 1, 2, 7, 14
⑦ 1, 3, 5, 15 / 1, 3, 5, 15
⑧ 1, 3, 7, 21 / 1, 3, 7, 21
⑨ 1, 2, 11, 22 / 1, 2, 11, 22
⑩ 1, 3, 9, 27 / 1, 3, 9, 27
⑪ 1, 3, 11, 33 / 1, 3, 11, 33
⑫ 1, 5, 7, 35 / 1, 5, 7, 35

수의 성질

03 곱셈을 이용하여 약수 구하기 61쪽

① 6, 3 / 1, 2, 3, 6
② 14, 7 / 1, 2, 7, 14
③ 12, 6, 4 / 1, 2, 3, 4, 6, 12
④ 18, 9, 6 / 1, 2, 3, 6, 9, 18
⑤ 24, 12, 8, 6 / 1, 2, 3, 4, 6, 8, 12, 24
⑥ 30, 15, 10, 6 / 1, 2, 3, 5, 6, 10, 15, 30
⑦ 45, 15, 9 / 1, 3, 5, 9, 15, 45

수의 성질

04 약수 구하기 62~63쪽

① 1, 2, 3, 6
② 1, 3, 9
③ 1, 5
④ 1, 2, 3, 4, 6, 12
⑤ 1, 3, 5, 15
⑥ 1, 23
⑦ 1, 2, 4, 7, 14, 28
⑧ 1, 5, 25
⑨ 1, 3, 13, 39
⑩ 1, 2, 3, 4, 6, 9, 12, 18, 36
⑪ 1, 5, 7, 35
⑫ 1, 2, 4, 11, 22, 44
⑬ 1, 2, 3, 4, 6, 8, 12, 16, 24, 48
⑭ 1, 2, 4, 5, 8, 10, 20, 40
⑮ 1, 2, 5, 10, 25, 50
⑯ 1, 2, 3, 6, 9, 18, 27, 54
⑰ 1, 3, 17, 51
⑱ 1, 2, 3, 4, 5, 6, 10, 12, 15, 20, 30, 60
⑲ 1, 5, 13, 65
⑳ 1, 3, 7, 9, 21, 63
㉑ 1, 2, 4, 8, 16, 32, 64
㉒ 1, 3, 5, 15, 25, 75
㉓ 1, 2, 5, 7, 10, 14, 35, 70
㉔ 1, 2, 4, 8, 11, 22, 44, 88
㉕ 1, 2, 4, 5, 8, 10, 16, 20, 40, 80
㉖ 1, 3, 9, 27, 81
㉗ 1, 7, 13, 91
㉘ 1, 5, 19, 95

수의 성질

05 약수의 개수 구하기 64쪽

① 1, 2 / 2개
② 1, 3 / 2개
③ 1, 2, 4 / 3개
④ 1, 5 / 2개
⑤ 1, 2, 3, 6 / 4개
⑥ 1, 7 / 2개
⑦ 1, 2, 4, 8 / 4개
⑧ 1, 3, 9 / 3개
⑨ 1, 2, 3, 4, 6, 12 / 6개
⑩ 1, 13 / 2개
⑪ 1, 3, 5, 15 / 4개
⑫ 1, 2, 4, 5, 10, 20 / 6개

수의 원리

06 약수가 2개인 수 찾기 65쪽

① 2, 3, 5, 7에 ○표
② 7, 11, 13에 ○표
③ 11, 13, 17에 ○표
④ 17, 19, 23에 ○표
⑤ 23에 ○표
⑥ 29, 31에 ○표
⑦ 31, 37에 ○표
⑧ 37, 41, 43에 ○표
⑨ 41, 43, 47에 ○표

수의 성질

약수가 2개인 수

약수가 1과 자기 자신뿐인 수, 즉 더 작게 나누어질 수 없는 수를 소수(素數)라고 합니다.
초등 과정에서 소수(素數)라는 용어는 배우지 않지만 최대공약수, 최소공배수를 구할 때 소수(素數)의 개념이 사용되므로 약수가 2개인 수들을 따로 모아 생각해 볼 수 있도록 하였습니다.

07 몇 배 한 수 찾기 66쪽

① 2, 4, 6, 8, 10, 12, 14, 16에 색칠하기
② 3, 6, 9, 12, 15에 색칠하기
③ 4, 8, 12, 16에 색칠하기
④ 5, 10, 15에 색칠하기
⑤ 6, 12에 색칠하기
⑥ 7, 14에 색칠하기
⑦ 8, 16에 색칠하기

수의 원리

08 곱셈을 이용하여 배수 구하기 67쪽

① 3, 6, 9 / 3, 6, 9, 12, 15
② 8, 16, 24 / 8, 16, 24, 32, 40
③ 4, 8, 12 / 4, 8, 12, 16, 20
④ 9, 18, 27 / 9, 18, 27, 36, 45
⑤ 6, 12, 18 / 6, 12, 18, 24, 30
⑥ 10, 20, 30 / 10, 20, 30, 40, 50
⑦ 12, 24, 36 / 12, 24, 36, 48, 60
⑧ 15, 30, 45 / 15, 30, 45, 60, 75

수의 성질

09 배수 구하기 68~69쪽

① 2, 4, 6, 8, 10, 12
② 5, 10, 15, 20, 25, 30
③ 8, 16, 24, 32, 40, 48
④ 7, 14, 21, 28, 35, 42
⑤ 9, 18, 27, 36, 45, 54
⑥ 6, 12, 18, 24, 30, 36
⑦ 10, 20, 30, 40, 50, 60
⑧ 12, 24, 36, 48, 60, 72
⑨ 15, 30, 45, 60, 75, 90
⑩ 14, 28, 42, 56, 70, 84
⑪ 16, 32, 48, 64, 80, 96
⑫ 18, 36, 54, 72, 90, 108
⑬ 22, 44, 66, 88, 110, 132
⑭ 26, 52, 78, 104, 130, 156
⑮ 20, 40, 60, 80, 100, 120
⑯ 25, 50, 75, 100, 125, 150
⑰ 24, 48, 72, 96, 120, 144
⑱ 28, 56, 84, 112, 140, 168
⑲ 30, 60, 90, 120, 150, 180
⑳ 32, 64, 96, 128, 160, 192
㉑ 31, 62, 93, 124, 155, 186
㉒ 35, 70, 105, 140, 175, 210
㉓ 40, 80, 120, 160, 200, 240
㉔ 44, 88, 132, 176, 220, 264
㉕ 42, 84, 126, 168, 210, 252
㉖ 50, 100, 150, 200, 250, 300
㉗ 53, 106, 159, 212, 265, 318
㉘ 60, 120, 180, 240, 300, 360

수의 성질

10 배수 찾기 70쪽

① 3의 배수: ○, 4의 배수: △

1	2	3	4	5	6	7	8
9	10	11	12	13	14	15	16
17	18	19	20	21	22	23	24
25	26	27	28	29	30	31	32
33	34	35	36	37	38	39	40

② 5의 배수: ○, 6의 배수: △

1	2	3	4	5	6	7	8
9	10	11	12	13	14	15	16
17	18	19	20	21	22	23	24
25	26	27	28	29	30	31	32
33	34	35	36	37	38	39	40

③ 9의 배수: ○, 12의 배수: △

11	12	13	14	15	16	17	18
19	20	21	22	23	24	25	26
27	28	29	30	31	32	33	34
35	36	37	38	39	40	41	42
43	44	45	46	47	48	49	50

④ 8의 배수: ○, 5의 배수: △

11	12	13	14	15	16	17	18
19	20	21	22	23	24	25	26
27	28	29	30	31	32	33	34
35	36	37	38	39	40	41	42
43	44	45	46	47	48	49	50

⑤ 6의 배수: ○, 9의 배수: △

31	32	33	34	35	36	37	38
39	40	41	42	43	44	45	46
47	48	49	50	51	52	53	54
55	56	57	58	59	60	61	62
63	64	65	66	67	68	69	70

⑥ 12의 배수: ○, 10의 배수: △

31	32	33	34	35	36	37	38
39	40	41	42	43	44	45	46
47	48	49	50	51	52	53	54
55	56	57	58	59	60	61	62
63	64	65	66	67	68	69	70

수의 활용

11 약수와 배수의 관계 71쪽

① 16, 2에 ○표
② 4, 28에 ○표
③ 3, 15에 ○표
④ 7, 91에 ○표
⑤ 48, 8에 ○표
⑥ 72, 6에 ○표
⑦ 9, 63에 ○표
⑧ 80, 5에 ○표
⑨ 33, 11에 ○표
⑩ 25, 100에 ○표
⑪ 15, 75에 ○표
⑫ 16, 64에 ○표
⑬ 90, 18에 ○표
⑭ 56, 14에 ○표

수의 감각

수 감각

수 감각은 수와 계산에 대한 직관적인 느낌으로 다양한 방법으로 수학 문제를 해결할 수 있도록 도와줍니다.
따라서 초중고 전체의 수학 학습에 큰 영향을 주지만 그 감각을 기를 수 있는 충분한 훈련은 초등 단계에서 이루어져야 합니다.
하나의 연산을 다양한 각도에서 바라보고, 수 조작력을 발휘하여 수 감각을 기를 수 있도록 지도해 주세요.

6 공약수와 최대공약수

최대공약수를 구하는 방법은 두 가지로 제시되지만 두 방법 모두 '공통인 인수'를 구하는 과정에 해당합니다.
초등에서 '인수'를 배우지는 않지만 인수의 개념은 최대공약수의 이해를 위해 꼭 필요하므로 초등학생들이 이해할 수 있는 수준으로 문제를 실었습니다. 최대공약수는 이후 약분에서 사용하게 되고, 중등에서도 다시 한 번 다루어지므로 현 학습에서 충분히 이해하고 연습할 수 있게 해 주세요.

01 약수와 공약수 구하기 74쪽

① 1, 2, 3, 6 / 1, 3, 5, 15 / 1, 3
② 1, 2, 4, 8 / 1, 2, 3, 4, 6, 12 / 1, 2, 4
③ 1, 3, 5, 15 / 1, 3, 9 / 1, 3
④ 1, 2, 7, 14 / 1, 2, 3, 6, 9, 18 / 1, 2
⑤ 1, 2, 3, 4, 6, 12 / 1, 2, 4, 8, 16 / 1, 2, 4
⑥ 1, 3, 5, 15 / 1, 5, 25 / 1, 5
⑦ 1, 2, 4, 8, 16, 32 / 1, 2, 4, 8 / 1, 2, 4, 8
⑧ 1, 3, 9, 27 / 1, 3, 7, 21 / 1, 3
⑨ 1, 2, 4, 8, 16 / 1, 2, 4, 5, 10, 20 / 1, 2, 4
⑩ 1, 2, 3, 4, 6, 9, 12, 18, 36 / 1, 2, 3, 4, 6, 8, 12, 24 / 1, 2, 3, 4, 6, 12

수의 성질

02 두 수의 곱을 이용하여 공약수 구하기 75쪽

① 6 = ①×6 (공통으로 들어 있는 수를 찾아요.) 15 = ①×15
6 = 2×③ 15 = ③×5
→ 공약수: 1, 3 (공통으로 들어 있는 수는 1, 3이에요.)

② 4 = ①×4 6 = ①×6
4 = ②×② 6 = ②×3
→ 공약수: 1, 2

③ 14 = ①×14 8 = ①×8
14 = ②×7 8 = ②×4
→ 공약수: 1, 2

④ 10 = ①×10 15 = ①×15
10 = 2×⑤ 15 = 3×⑤
→ 공약수: 1, 5

⑤ 12 = ①×12 18 = ①×18
12 = ②×⑥ 18 = ②×9
12 = ③×4 18 = ③×⑥
→ 공약수: 1, 2, 3, 6

⑥ 16 = ①×16 12 = ①×12
16 = ②×8 12 = ②×6
16 = ④×④ 12 = 3×④
→ 공약수: 1, 2, 4

⑦ 20 = ①×20 16 = ①×16
20 = ②×10 16 = ②×8
20 = ④×5 16 = ④×④
→ 공약수: 1, 2, 4

⑧ 28 = ①×28 32 = ①×32
28 = ②×14 32 = ②×16
28 = ④×7 32 = ④×8
→ 공약수: 1, 2, 4

⑨ 18 = ①×18 63 = ①×63
18 = 2×⑨ 63 = ③×21
18 = ③×6 63 = 7×⑨
→ 공약수: 1, 3, 9

⑩ 45 = ①×45 20 = ①×20
45 = 3×15 20 = 2×10
45 = ⑤×9 20 = 4×⑤
→ 공약수: 1, 5

수의 성질

04 약수와 공약수를 그림 안에 쓰기 78쪽

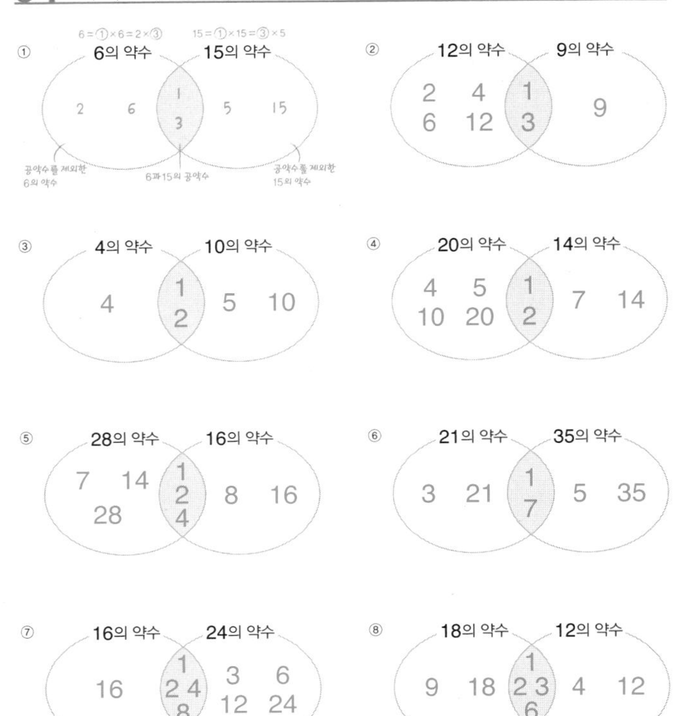

수의 활용

03 공약수 구하기 76~77쪽

① 1, 3
② 1, 2
③ 1, 2, 4
④ 1, 2, 3, 6
⑤ 1, 2, 4
⑥ 1, 3
⑦ 1, 2, 3, 6
⑧ 1, 2, 4
⑨ 1, 2
⑩ 1, 3, 9
⑪ 1, 2
⑫ 1, 3
⑬ 1, 2, 4
⑭ 1, 2, 5, 10
⑮ 1, 3
⑯ 1, 2, 3, 6
⑰ 1, 3
⑱ 1, 2, 4, 8, 16
⑲ 1, 2, 7, 14
⑳ 1, 7
㉑ 1, 5
㉒ 1, 5
㉓ 1, 3, 5, 15
㉔ 1, 2, 4, 8
㉕ 1, 2, 4
㉖ 1, 2, 3, 6, 9, 18
㉗ 1, 2, 3, 4, 6, 12
㉘ 1, 5, 25

수의 성질

05 수를 분해하여 곱으로 나타내기 79쪽

① 4, 2 / 2×2×2
② 6, 3 / 2×2×3
③ 10, 5 / 2×2×5
④ 9, 3 / 3×3×3
⑤ 14, 2, 7 / 2×2×7
⑥ 15, 5 / 2×3×5
⑦ 21, 7 / 2×3×7
⑧ 15, 3, 5 / 3×3×5
⑨ 12, 6, 2, 3 / 2×2×2×3

수의 감각

06 곱으로 나타내 최대공약수 구하기 80쪽

① 8 = 2 × 2 × 2
12 = 2 × 2 × 3
→ 최대공약수: 2 × 2 = 4
공통으로 들어 있는 수의 곱이 최대공약수예요.

② 30 = 2 × 3 × 5
18 = 2 × 3 × 3
→ 최대공약수: 2 × 3 = 6

③ 18 = 2 × 3 × 3
24 = 2 × 2 × 2 × 3
→ 최대공약수: 2 × 3 = 6

④ 20 = 2 × 2 × 5
12 = 2 × 2 × 3
→ 최대공약수: 2 × 2 = 4

⑤ 16 = 2 × 2 × 2 × 2
24 = 2 × 2 × 2 × 3
→ 최대공약수: 2 × 2 × 2 = 8

⑥ 24 = 2 × 2 × 2 × 3
36 = 2 × 2 × 3 × 3
→ 최대공약수: 2 × 2 × 3 = 12

⑦ 36 = 2 × 2 × 3 × 3
60 = 2 × 2 × 3 × 5
→ 최대공약수: 2 × 2 × 3 = 12

⑧ 42 = 2 × 3 × 7
28 = 2 × 2 × 7
→ 최대공약수: 2 × 7 = 14

⑨ 48 = 2 × 2 × 2 × 2 × 3
72 = 2 × 2 × 2 × 3 × 3
→ 최대공약수: 2 × 2 × 2 × 3 = 24

⑩ 63 = 3 × 3 × 7
54 = 2 × 3 × 3 × 3
→ 최대공약수: 3 × 3 = 9

07 공약수로 나누어 최대공약수 구하기 81~82쪽

18과 24의 공약수로 나눌 수 있을 때까지 나누어요.

① 2) 18 24
3) 9 12
3 4 → 두 수의 공약수가 1뿐이에요.
→ 2 × 3 = 6
공약수들의 곱이 가장 큰 공약수예요.

② 2) 4 8
2) 2 4
1 2
→ 2 × 2 = 4

③ 2) 30 20
5) 15 10
3 2
→ 2 × 5 = 10

④ 2) 8 12
2) 4 6
2 3
→ 2 × 2 = 4

⑤ 2) 20 18
10 9
→ 2

⑥ 3) 15 30
5) 5 10
1 2
→ 3 × 5 = 15

⑦ 5) 15 50
3 10
→ 5

⑧ 2) 60 12
2) 30 6
3) 15 3
5 1
→ 2 × 2 × 3 = 12

⑨ 2) 12 44
2) 6 22
3 11
→ 2 × 2 = 4

⑩ 2) 18 42
3) 9 21
3 7
→ 2 × 3 = 6

⑪ 2) 88 16
2) 44 8
2) 22 4
11 2
→ 2 × 2 × 2 = 8

⑫ 3) 30 75
5) 10 25
2 5
→ 3 × 5 = 15

⑬ 2) 72 6
3) 36 3
12 1
→ 2 × 3 = 6

⑭ 2) 36 24
2) 18 12
3) 9 6
3 2
→ 2 × 2 × 3 = 12

⑮ 3) 18 27
3) 6 9
2 3
→ 3 × 3 = 9

⑯ 2) 72 54
3) 36 27
3) 12 9
4 3
→ 2 × 3 × 3 = 18

⑰ 2) 14 98
7) 7 49
1 7
→ 2 × 7 = 14

⑱ 2) 28 36
2) 14 18
7 9
→ 2 × 2 = 4

⑲ 2) 40 150
5) 20 75
4 15
→ 2 × 5 = 10

⑳ 3) 45 27
3) 15 9
5 3
→ 3 × 3 = 9

㉑ 2) 56 72
2) 28 36
2) 14 18
7 9
→ 2 × 2 × 2 = 8

㉒ 2) 64 72
2) 32 36
2) 16 18
8 9
→ 2 × 2 × 2 = 8

㉓ 2) 48 54
3) 24 27
8 9
→ 2 × 3 = 6

㉔ 2) 90 60
3) 45 30
5) 15 10
3 2
→ 2 × 3 × 5 = 30

수의 성질

08 최대공약수 구하는 연습 83~84쪽

① 4	② 9	③ 8
④ 3	⑤ 3	⑥ 3
⑦ 9	⑧ 14	⑨ 2
⑩ 16	⑪ 8	⑫ 18
⑬ 4	⑭ 3	⑮ 6
⑯ 6	⑰ 9	⑱ 6
⑲ 4	⑳ 6	㉑ 9
㉒ 10	㉓ 4	㉔ 6
㉕ 4	㉖ 6	㉗ 7
㉘ 13	㉙ 12	㉚ 4
		㉛ 8
		㉜ 6

수의 성질

09 최대공약수로 공약수 구하기 85쪽

① 5 / 1, 5 / 1, 5
② 2 / 1, 2 / 1, 2
③ 3 / 1, 3 / 1, 3
④ 7 / 1, 7 / 1, 7
⑤ 4 / 1, 2, 4 / 1, 2, 4
⑥ 6 / 1, 2, 3, 6 / 1, 2, 3, 6
⑦ 8 / 1, 2, 4, 8 / 1, 2, 4, 8
⑧ 6 / 1, 2, 3, 6 / 1, 2, 3, 6
⑨ 10 / 1, 2, 5, 10 / 1, 2, 5, 10
⑩ 4 / 1, 2, 4 / 1, 2, 4
⑪ 6 / 1, 2, 3, 6 / 1, 2, 3, 6
⑫ 15 / 1, 3, 5, 15 / 1, 3, 5, 15
⑬ 16 / 1, 2, 4, 8, 16 / 1, 2, 4, 8, 16
⑭ 9 / 1, 3, 9 / 1, 3, 9
⑮ 4 / 1, 2, 4 / 1, 2, 4
⑯ 8 / 1, 2, 4, 8 / 1, 2, 4, 8

수의 성질

7 공배수와 최소공배수

최소공배수는 최대공약수를 구하는 방법과 같은 원리이므로 최대공약수와 함께 비교하며 이해하면 더 쉬울 수 있습니다.
최대공약수 단원에서와 마찬가지로 '인수분해' 개념을 이해하여 최소공배수 구하는 방법을 알 수 있도록 문제를 구성하였습니다.
최소공배수는 이후 통분에서 사용하게 되고, 중등에서도 다시 한 번 다루어지므로 현 학습에서 충분히 이해하고 연습할 수 있게 해 주세요.

01 배수와 공배수 구하기 88쪽

① 2, 4, 6, 8, 10, 12, 14, 16, 18, ... / 3, 6, 9, 12, 15, 18, 21, 24, ... / 6, 12, 18
② 3, 6, 9, 12, 15, 18, 21, 24, 27, 30, 33, 36, ... / 4, 8, 12, 16, 20, 24, 28, 32, 36, ... / 12, 24, 36
③ 4, 8, 12, 16, 20, 24, 28, 32, 36, ... / 6, 12, 18, 24, 30, 36, 42, 48, 54, ... / 12, 24, 36
④ 2, 4, 6, 8, 10, 12, 14, 16, 18, 20, 22, 24, ... / 8, 16, 24, 32, 40, ... / 8, 16, 24
⑤ 6, 12, 18, 24, 30, 36, 42, 48, 54, 60, 66, 72, ... / 8, 16, 24, 32, 40, 48, 56, 64, 72, ... / 24, 48, 72
⑥ 2, 4, 6, 8, 10, 12, 14, 16, 18, 20, 22, 24, 26, 28, 30, ... / 5, 10, 15, 20, 25, 30, ... / 10, 20, 30
⑦ 9, 18, 27, 36, 45, 54, 63, 72, ... / 6, 12, 18, 24, 30, 36, 42, 48, 54, ... / 18, 36, 54

수의 성질

02 공배수 구하기 89쪽

① 20, 40, 60, 80	② 15, 30, 45, 60
③ 10, 20, 30, 40	④ 24, 48, 72, 96
⑤ 30, 60, 90, 120	⑥ 24, 48, 72, 96
⑦ 40, 80, 120, 160	⑧ 36, 72, 108, 144
⑨ 45, 90, 135, 180	⑩ 48, 96, 144, 192
⑪ 20, 40, 60, 80	⑫ 12, 24, 36, 48
⑬ 30, 60, 90, 120	⑭ 40, 80, 120, 160

수의 성질

03 배수와 공배수를 그림 안에 쓰기 90쪽

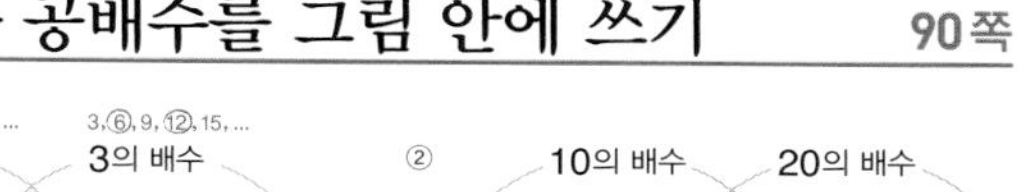

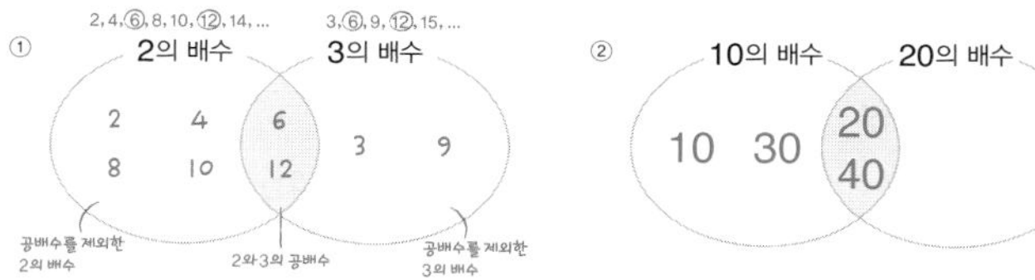

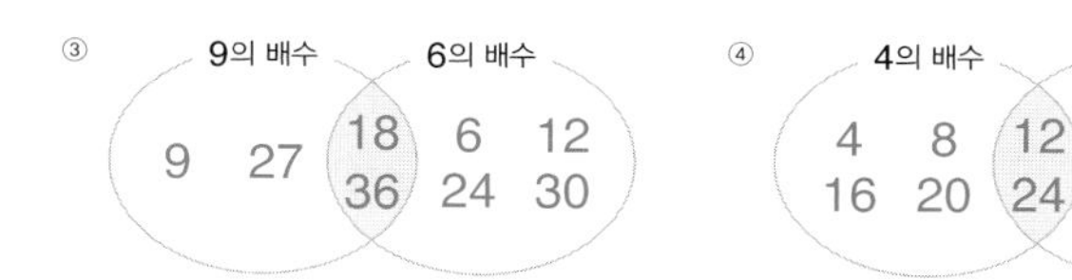

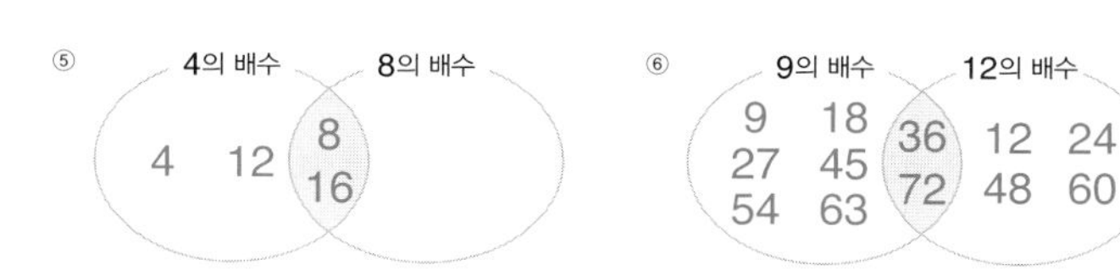

⑦ 15의 배수 / 10의 배수: 15 45 | 30 60 | 10 20 40 50

⑧ 3의 배수 / 4의 배수: 3 6 9 15 18 21 | 12 24 | 4 8 16 20

수의 활용

05 곱으로 나타내 최소공배수 구하기 92쪽

① 4 = 2 × 2
8 = 2 × 2 × 2
→ 최소공배수: 2 × 2 × 2 = 8
공통인 수에 공통이 아닌 수를 곱하면 최소공배수예요.

② 9 = 3 × 3
6 = 2 × 3
→ 최소공배수: 3 × 3 × 2 = 18

③ 4 = 2 × 2
10 = 2 × 5
→ 최소공배수: 2 × 2 × 5 = 20

④ 6 = 2 × 3
18 = 2 × 3 × 3
→ 최소공배수: 2 × 3 × 3 = 18

⑤ 8 = 2 × 2 × 2
12 = 2 × 2 × 3
→ 최소공배수: 2 × 2 × 2 × 3 = 24

⑥ 30 = 2 × 3 × 5
12 = 2 × 2 × 3
→ 최소공배수: 2 × 3 × 5 × 2 = 60

⑦ 15 = 3 × 5
9 = 3 × 3
→ 최소공배수: 3 × 5 × 3 = 45

⑧ 12 = 2 × 2 × 3
18 = 2 × 3 × 3
→ 최소공배수: 2 × 3 × 2 × 3 = 36

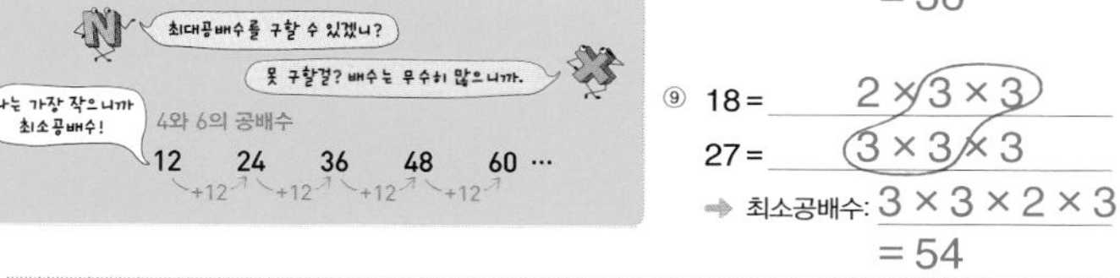

⑨ 18 = 2 × 3 × 3
27 = 3 × 3 × 3
→ 최소공배수: 3 × 3 × 2 × 3 = 54

수의 성질

04 수를 분해하여 곱으로 나타내기 91쪽

① 9, 3 / 2×3×3
② 22, 11 / 2×2×11
③ 25, 5 / 2×5×5
④ 26, 13 / 2×2×13
⑤ 33, 11 / 2×3×11
⑥ 8, 4, 2 / 2×2×2×2
⑦ 20, 10, 5 / 2×2×2×5
⑧ 27, 9, 3 / 2×3×3×3
⑨ 28, 14, 7 / 2×2×2×7
⑩ 30, 15, 5 / 2×2×3×5

수의 감각

소인수분해

소인수분해는 1보다 큰 자연수를 약수가 1과 자신뿐인 수들만의 곱으로 나타내는 것을 말합니다.

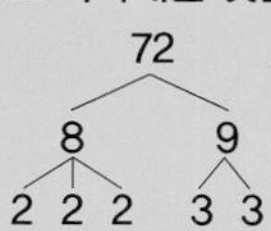

왼쪽은 72의 소인수분해 과정입니다. 소인수분해의 결과를 간단하게 나타내면 72=2×2×2×3×3이 됩니다.

06 공약수로 나누어 최소공배수 구하기 93~94쪽

① 16과 24의 공약수로 나눌 수 있을 때까지 나누어요.
2) 16 24
2) 8 12
2) 4 6
공약수 ↑ 2 3 ← 공통이 아닌 약수
→ 2×2×2×2×3=48 (공약수와 공통이 아닌 약수의 곱)

② 3) 9 15
3 5
→ 3×3×5=45

③ 3) 15 6
5 2
→ 3×5×2=30

④ 3) 9 24
3 8
→ 3×3×8=72

⑤ 2) 22 44
11) 11 22
1 2
→ 2×11×1×2=44

⑥ 2) 16 20
2) 8 10
4 5
→ 2×2×4×5=80

⑦ 3) 18 15
6 5
→ 3×6×5=90

⑧ 3) 9 48
3 16
→ 3×3×16=144

⑨ 2) 6 24
3) 3 12
1 4
→ 2×3×1×4=24

⑩ 2) 12 8
2) 6 4
3 2
→ 2×2×3×2=24

⑪ 2) 16 18
8 9
→ 2×8×9=144

⑫ 2) 24 36
2) 12 18
3) 6 9
2 3
→ 2×2×3×2×3 =72

⑬ 3) 15 30
5) 5 10
1 2
→ 3×5×1×2=30

⑭ 3) 27 45
3) 9 15
3 5
→ 3×3×3×5=135

⑮ 3) 15 12
5 4
→ 3×5×4=60

⑯ 5) 35 45
7 9
→ 5×7×9=315

⑰ 5) 40 15
8 3
→ 5×8×3=120

⑱ 5) 45 40
9 8
→ 5×9×8=360

⑲ 2) 18 30
3) 9 15
3 5
→ 2×3×3×5=90

⑳ 2) 30 40
5) 15 20
3 4
→ 2×5×3×4=120

㉑ 2) 44 16
2) 22 8
11 4
→ 2×2×11×4 =176

㉒ 3) 42 45
14 15
→ 3×14×15 =630

㉓ 2) 32 40
2) 16 20
2) 8 10
4 5
→ 2×2×2×4×5 =160

㉔ 2) 56 42
7) 28 21
4 3
→ 2×7×4×3 =168

수의 성질

07 최소공배수 구하는 연습 95~96쪽

① 108 ② 9 ③ 126
④ 80 ⑤ 16 ⑥ 10
⑦ 16 ⑧ 42 ⑨ 45
⑩ 96 ⑪ 120 ⑫ 240
⑬ 72 ⑭ 175 ⑮ 150
⑯ 51 ⑰ 78 ⑱ 180
⑲ 64 ⑳ 120 ㉑ 40
㉒ 108 ㉓ 132 ㉔ 140
㉕ 105 ㉖ 48 ㉗ 54
㉘ 90 ㉙ 48 ㉚ 72
㉛ 42 ㉜ 144 ㉝ 140
㉞ 84

수의 성질

08 최소공배수로 공배수 구하기 97쪽

① 18 / 18, 36, 54, ... / 18, 36, 54
② 24 / 24, 48, 72, ... / 24, 48, 72
③ 36 / 36, 72, 108, ... / 36, 72, 108
④ 24 / 24, 48, 72, ... / 24, 48, 72
⑤ 30 / 30, 60, 90, ... / 30, 60, 90
⑥ 28 / 28, 56, 84, ... / 28, 56, 84
⑦ 24 / 24, 48, 72, ... / 24, 48, 72
⑧ 63 / 63, 126, 189, ... / 63, 126, 189
⑨ 72 / 72, 144, 216, ... / 72, 144, 216
⑩ 48 / 48, 96, 144, ... / 48, 96, 144
⑪ 60 / 60, 120, 180, ... / 60, 120, 180
⑫ 42 / 42, 84, 126, ... / 42, 84, 126
⑬ 60 / 60, 120, 180, ... / 60, 120, 180
⑭ 80 / 80, 160, 240, ... / 80, 160, 240
⑮ 180 / 180, 360, 540, ... / 180, 360, 540
⑯ 105 / 105, 210, 315, ... / 105, 210, 315

수의 성질

8 약분

약분에서 기본이 되는 개념은 '분모와 분자의 크기를 줄여서 나타내도 크기가 달라지지 않는다.'라는 것입니다.
즉, 무조건 분수를 간단하게 나타내는 것이 아니라 분수의 크기를 유지하면서 간단하게 나타내야 한다는 것을 완벽하게 이해할 수 있어야 합니다. 분모, 분자가 달라져도 분수의 크기가 변하지 않는다는 개념을 충분히 이해하게 한 다음 약분 연습을 하게 해 주세요.
약분은 앞으로 하게 될 모든 분수 계산의 기초가 되고 기약분수 개념으로도 이어집니다.

01 곱해서 크기가 같은 분수 만들기 100쪽

① 예 $\frac{1\times2}{2\times2}=\frac{1\times3}{2\times3}=\frac{1\times4}{2\times4}=\frac{1\times5}{2\times5}=\frac{1\times6}{2\times6}$ / 예 $\frac{2}{4}, \frac{3}{6}, \frac{4}{8}, \frac{5}{10}, \frac{6}{12}$

② 예 $\frac{2\times2}{3\times2}=\frac{2\times3}{3\times3}=\frac{2\times4}{3\times4}=\frac{2\times5}{3\times5}=\frac{2\times6}{3\times6}$ / 예 $\frac{4}{6}, \frac{6}{9}, \frac{8}{12}, \frac{10}{15}, \frac{12}{18}$

③ 예 $\frac{1\times2}{4\times2}=\frac{1\times3}{4\times3}=\frac{1\times4}{4\times4}=\frac{1\times5}{4\times5}=\frac{1\times6}{4\times6}$ / 예 $\frac{2}{8}, \frac{3}{12}, \frac{4}{16}, \frac{5}{20}, \frac{6}{24}$

④ 예 $\frac{2\times2}{5\times2}=\frac{2\times3}{5\times3}=\frac{2\times4}{5\times4}=\frac{2\times5}{5\times5}=\frac{2\times6}{5\times6}$ / 예 $\frac{4}{10}, \frac{6}{15}, \frac{8}{20}, \frac{10}{25}, \frac{12}{30}$

⑤ 예 $\frac{5\times2}{6\times2}=\frac{5\times3}{6\times3}=\frac{5\times4}{6\times4}=\frac{5\times5}{6\times5}=\frac{5\times6}{6\times6}$ / 예 $\frac{10}{12}, \frac{15}{18}, \frac{20}{24}, \frac{25}{30}, \frac{30}{36}$

⑥ 예 $\frac{3\times2}{7\times2}=\frac{3\times3}{7\times3}=\frac{3\times4}{7\times4}=\frac{3\times5}{7\times5}=\frac{3\times6}{7\times6}$ / 예 $\frac{6}{14}, \frac{9}{21}, \frac{12}{28}, \frac{15}{35}, \frac{18}{42}$

⑦ 예 $\frac{4\times2}{9\times2}=\frac{4\times3}{9\times3}=\frac{4\times4}{9\times4}=\frac{4\times5}{9\times5}=\frac{4\times6}{9\times6}$ / 예 $\frac{8}{18}, \frac{12}{27}, \frac{16}{36}, \frac{20}{45}, \frac{24}{54}$

⑧ 예 $\frac{7\times2}{10\times2}=\frac{7\times3}{10\times3}=\frac{7\times4}{10\times4}=\frac{7\times5}{10\times5}=\frac{7\times6}{10\times6}$ / 예 $\frac{14}{20}, \frac{21}{30}, \frac{28}{40}, \frac{35}{50}, \frac{42}{60}$

02 나누어서 크기가 같은 분수 만들기 101쪽

① $\frac{20\div2}{30\div2}=\frac{20\div5}{30\div5}=\frac{20\div10}{30\div10}$ / $\frac{10}{15}, \frac{4}{6}, \frac{2}{3}$

② $\frac{6\div2}{8\div2}$ / $\frac{3}{4}$

③ $\frac{12\div2}{24\div2}=\frac{12\div3}{24\div3}=\frac{12\div4}{24\div4}=\frac{12\div6}{24\div6}=\frac{12\div12}{24\div12}$ / $\frac{6}{12}, \frac{4}{8}, \frac{3}{6}, \frac{2}{4}, \frac{1}{2}$

④ $\frac{12\div2}{28\div2}=\frac{12\div4}{28\div4}$ / $\frac{6}{14}, \frac{3}{7}$

⑤ $\frac{18\div2}{24\div2}=\frac{18\div3}{24\div3}=\frac{18\div6}{24\div6}$ / $\frac{9}{12}, \frac{6}{8}, \frac{3}{4}$

⑥ $\frac{12\div2}{30\div2}=\frac{12\div3}{30\div3}=\frac{12\div6}{30\div6}$ / $\frac{6}{15}, \frac{4}{10}, \frac{2}{5}$

⑦ $\frac{32\div2}{48\div2}=\frac{32\div4}{48\div4}=\frac{32\div8}{48\div8}=\frac{32\div16}{48\div16}$ / $\frac{16}{24}, \frac{8}{12}, \frac{4}{6}, \frac{2}{3}$

⑧ $\frac{16\div2}{72\div2}=\frac{16\div4}{72\div4}=\frac{16\div8}{72\div8}$ / $\frac{8}{36}, \frac{4}{18}, \frac{2}{9}$

03 공약수로 약분하기 102~103쪽

① $\frac{2}{3}, \frac{3}{4}, \frac{5}{6}, \frac{4}{5}, \frac{6}{7}$

② $\frac{3}{4}, \frac{1}{3}, \frac{1}{4}, \frac{5}{6}, \frac{2}{7}$

③ $\frac{2}{3}, \frac{3}{4}, \frac{2}{5}, \frac{5}{6}, \frac{4}{9}$

④ $\frac{2}{3}, \frac{5}{6}, \frac{4}{7}, \frac{3}{8}, \frac{7}{9}$

⑤ $\frac{1}{2}, \frac{3}{4}, \frac{5}{6}, \frac{5}{7}, \frac{7}{12}$

⑥ $\frac{1}{3}, \frac{2}{5}, \frac{3}{4}, \frac{5}{6}, \frac{7}{9}$

⑦ $\frac{1}{6}, \frac{5}{8}, \frac{3}{10}, \frac{9}{11}, \frac{13}{15}$

⑧ $\frac{1}{4}, \frac{5}{7}, \frac{3}{8}, \frac{5}{9}, \frac{7}{12}$

⑨ $\frac{1}{3}, \frac{3}{7}, \frac{5}{8}, \frac{9}{11}, \frac{6}{17}$

⑩ $\frac{1}{2}, \frac{3}{5}, \frac{5}{6}, \frac{4}{7}, \frac{8}{9}$

⑪ $\frac{2}{3}, \frac{5}{8}, \frac{7}{9}, \frac{6}{11}, \frac{8}{13}$

⑫ $\frac{1}{6}, \frac{2}{3}, \frac{3}{5}, \frac{4}{9}, \frac{7}{10}$

04 분수를 약분하기 104~105쪽

① 2, 1
② 4, 2
③ 3, 2, 1
④ 6, 3
⑤ 2, 1
⑥ 6, 4, 2
⑦ 7, 3, 1
⑧ 4, 2, 1
⑨ 2
⑩ 3, 1
⑪ 4, 2, 1
⑫ 4
⑬ 8, 4, 2, 1
⑭ 8, 4, 2, 1
⑮ 9, 3
⑯ 4, 2
⑰ 5
⑱ 2
⑲ 3, 2, 1
⑳ 4
㉑ 10, 5
㉒ 3, 2, 1
㉓ 15, 10, 5
㉔ 7, 2, 1
㉕ 14, 7
㉖ 3, 2, 1

수의 성질

05 기약분수로 나타내기 106~107쪽

① $\frac{1}{7}$
② $\frac{7}{11}$
③ $\frac{1}{5}$
④ $\frac{3}{5}$
⑤ $\frac{1}{4}$
⑥ $\frac{3}{4}$
⑦ $\frac{3}{4}$
⑧ $\frac{3}{4}$
⑨ $\frac{4}{9}$
⑩ $\frac{2}{3}$
⑪ $\frac{3}{4}$
⑫ $\frac{3}{5}$
⑬ $\frac{7}{11}$
⑭ $\frac{3}{5}$
⑮ $\frac{6}{7}$
⑯ $\frac{3}{4}$
⑰ $\frac{3}{5}$
⑱ $\frac{1}{3}$
⑲ $\frac{2}{3}$
⑳ $\frac{1}{5}$
㉑ $\frac{3}{5}$
㉒ $\frac{3}{4}$
㉓ $\frac{2}{5}$
㉔ $\frac{2}{3}$
㉕ $\frac{3}{7}$
㉖ $\frac{2}{3}$
㉗ $\frac{1}{2}$
㉘ $\frac{5}{7}$
㉙ $\frac{3}{5}$
㉚ $\frac{3}{5}$
㉛ $\frac{4}{7}$
㉜ $\frac{7}{9}$
㉝ $\frac{2}{3}$
㉞ $\frac{3}{8}$
㉟ $\frac{5}{6}$
㊱ $\frac{8}{27}$
㊲ $1\frac{4}{7}$
㊳ $1\frac{1}{3}$
㊴ $1\frac{2}{7}$
㊵ $1\frac{3}{4}$
㊶ $2\frac{3}{5}$
㊷ $1\frac{1}{3}$
㊸ $2\frac{11}{14}$
㊹ $2\frac{4}{9}$
㊺ $1\frac{7}{8}$
㊻ $3\frac{2}{7}$
㊼ $3\frac{7}{12}$
㊽ $2\frac{2}{5}$

수의 성질

기약분수

분모와 분자의 공약수가 1뿐인 분수입니다. 분수의 분모와 분자를 더 이상 약분이 되지 않을 때까지 공약수로 나누게 되면 기약분수가 됩니다. 이때 기약분수의 분모, 분자와 같이 공약수가 1뿐인 수를 중등 과정에서는 '서로소'라고 합니다.

06 시간을 기약분수로 나타내기 108쪽

① 30, $\frac{1}{2}$
② 10, $\frac{1}{6}$
③ 15, $\frac{1}{4}$
④ 20, $\frac{1}{3}$
⑤ 25, $\frac{5}{12}$
⑥ 45, $\frac{3}{4}$
⑦ 50, $\frac{5}{6}$
⑧ 55, $\frac{11}{12}$
⑨ 5, $1\frac{1}{12}$
⑩ 15, $1\frac{1}{4}$
⑪ 40, $1\frac{2}{3}$
⑫ 50, $1\frac{5}{6}$
⑬ 35, $2\frac{7}{12}$
⑭ 45, $2\frac{3}{4}$

수의 활용

07 약분하기 전의 분수 구하기 109쪽

① 6
② 15
③ 14
④ 20
⑤ 16
⑥ 12
⑦ 27
⑧ 5
⑨ 25
⑩ 30
⑪ 16
⑫ 44
⑬ 36
⑭ 48
⑮ 42
⑯ 80
⑰ 40
⑱ 48
⑲ 24
⑳ 48
㉑ 45

수의 성질

9 통분

약분이 분모와 분자를 작게 해서 크기가 같은 분수를 찾는 과정이었다면 통분은 분모와 분자를 크게 하면서 크기가 같은 분수를 찾는 과정이라고 볼 수 있습니다. 따라서 약분에서는 최대공약수를, 통분에서는 최소공배수를 이용합니다.
공통분모는 분모의 곱 또는 분모의 최소공배수로 만들 수 있지만 어느 한 쪽을 강요하지 말아주세요. 통분해야 하는 상황에서 분모를 보고 학생 스스로 수 조작력을 발휘하여 방법을 선택하게 하는 것이 중요합니다.

01 공통분모 찾기 112~113쪽

① $\frac{2}{4}=\frac{3}{6}=\frac{4}{8}=\frac{5}{10}=\frac{6}{12}=\frac{7}{14}=\frac{8}{16}=\frac{9}{18}=\cdots$ / $\frac{2}{6}=\frac{3}{9}=\frac{4}{12}=\frac{5}{15}=\frac{6}{18}=\cdots$ / 6, 12, 18

② $\frac{2}{6}=\frac{3}{9}=\frac{4}{12}=\frac{5}{15}=\frac{6}{18}=\cdots$ / $\frac{10}{12}=\frac{15}{18}=\cdots$ / 6, 12, 18

③ $\frac{6}{8}=\frac{9}{12}=\frac{12}{16}=\frac{15}{20}=\frac{18}{24}=\frac{21}{28}=\frac{24}{32}=\frac{27}{36}=\cdots$ / $\frac{2}{12}=\frac{3}{18}=\frac{4}{24}=\frac{5}{30}=\frac{6}{36}=\cdots$ / 12, 24, 36

④ $\frac{10}{12}=\frac{15}{18}=\cdots$ / $\frac{2}{4}=\frac{3}{6}=\frac{4}{8}=\frac{5}{10}=\frac{6}{12}=\frac{7}{14}=\frac{8}{16}=\frac{9}{18}=\cdots$ / 6, 12, 18

⑤ $\frac{4}{6}=\frac{6}{9}=\frac{8}{12}=\frac{10}{15}=\frac{12}{18}=\frac{14}{21}=\frac{16}{24}=\frac{18}{27}=\cdots$ / $\frac{8}{18}=\frac{12}{27}=\cdots$ / 9, 18, 27

⑥ $\frac{2}{8}=\frac{3}{12}=\frac{4}{16}=\frac{5}{20}=\frac{6}{24}=\cdots$ / $\frac{6}{16}=\frac{9}{24}=\cdots$ / 8, 16, 24

⑦ $\frac{2}{8}=\frac{3}{12}=\frac{4}{16}=\frac{5}{20}=\frac{6}{24}=\frac{7}{28}=\frac{8}{32}=\frac{9}{36}=\cdots$ / $\frac{14}{24}=\frac{21}{36}=\cdots$ / 12, 24, 36

⑧ $\frac{10}{24}=\frac{15}{36}=\frac{20}{48}=\frac{25}{60}=\frac{30}{72}=\cdots$ / $\frac{14}{48}=\frac{21}{72}=\cdots$ / 24, 48, 72

02 분모의 곱을 이용하여 통분하기 114~115쪽

① $\frac{3}{6}, \frac{4}{6}$
② $\frac{6}{24}, \frac{20}{24}$
③ $\frac{4}{8}, \frac{6}{8}$
④ $\frac{5}{15}, \frac{6}{15}$
⑤ $\frac{7}{14}, \frac{4}{14}$
⑥ $\frac{8}{32}, \frac{12}{32}$
⑦ $\frac{8}{12}, \frac{3}{12}$
⑧ $\frac{7}{21}, \frac{15}{21}$
⑨ $\frac{6}{18}, \frac{3}{18}$
⑩ $\frac{18}{24}, \frac{4}{24}$
⑪ $\frac{2}{12}, \frac{6}{12}$
⑫ $\frac{27}{45}, \frac{10}{45}$
⑬ $\frac{24}{32}, \frac{20}{32}$
⑭ $\frac{30}{40}, \frac{28}{40}$
⑮ $\frac{4}{12}, \frac{3}{12}$
⑯ $\frac{55}{77}, \frac{63}{77}$
⑰ $\frac{21}{28}, \frac{4}{28}$
⑱ $\frac{6}{12}, \frac{10}{12}$
⑲ $\frac{14}{35}, \frac{30}{35}$
⑳ $\frac{11}{44}, \frac{32}{44}$
㉑ $\frac{30}{50}, \frac{15}{50}$
㉒ $\frac{27}{36}, \frac{28}{36}$
㉓ $\frac{18}{63}, \frac{28}{63}$
㉔ $\frac{32}{40}, \frac{35}{40}$
㉕ $1\frac{24}{30}, 1\frac{5}{30}$
㉖ $1\frac{45}{63}, 1\frac{14}{63}$
㉗ $1\frac{10}{15}, 2\frac{12}{15}$
㉘ $2\frac{4}{20}, 1\frac{15}{20}$
㉙ $2\frac{18}{27}, 2\frac{15}{27}$
㉚ $2\frac{5}{10}, 2\frac{4}{10}$
㉛ $1\frac{18}{48}, 3\frac{40}{48}$
㉜ $2\frac{9}{54}, 3\frac{24}{54}$

03 분모의 최소공배수를 이용하여 통분하기 116~117쪽

① $\frac{2}{12}, \frac{9}{12}$

② $\frac{5}{20}, \frac{6}{20}$ ③ $\frac{3}{9}, \frac{1}{9}$

④ $\frac{1}{6}, \frac{3}{6}$ ⑤ $\frac{2}{8}, \frac{5}{8}$

⑥ $\frac{8}{12}, \frac{5}{12}$ ⑦ $\frac{25}{30}, \frac{3}{30}$

⑧ $\frac{28}{60}, \frac{39}{60}$ ⑨ $\frac{4}{8}, \frac{1}{8}$

⑩ $\frac{15}{24}, \frac{10}{24}$ ⑪ $\frac{27}{36}, \frac{14}{36}$

⑫ $\frac{14}{24}, \frac{5}{24}$ ⑬ $\frac{10}{45}, \frac{6}{45}$

⑭ $\frac{9}{12}, \frac{11}{12}$ ⑮ $\frac{12}{20}, \frac{9}{20}$

⑯ $\frac{3}{18}, \frac{8}{18}$ ⑰ $\frac{3}{36}, \frac{2}{36}$

⑱ $\frac{8}{30}, \frac{9}{30}$ ⑲ $\frac{45}{70}, \frac{49}{70}$

⑳ $\frac{25}{30}, \frac{2}{30}$ ㉑ $\frac{5}{50}, \frac{2}{50}$

㉒ $\frac{35}{40}, \frac{36}{40}$ ㉓ $\frac{3}{18}, \frac{7}{18}$

㉔ $1\frac{35}{42}, 1\frac{33}{42}$ ㉕ $1\frac{18}{60}, 1\frac{25}{60}$

㉖ $1\frac{15}{24}, 1\frac{14}{24}$ ㉗ $2\frac{55}{90}, 1\frac{48}{90}$

㉘ $2\frac{35}{75}, 2\frac{18}{75}$ ㉙ $2\frac{24}{27}, 2\frac{16}{27}$

㉚ $1\frac{39}{72}, 2\frac{34}{72}$ ㉛ $2\frac{27}{42}, 3\frac{10}{42}$

수의 성질

04 세 분수를 한꺼번에 통분하기 118~119쪽

① $\frac{5}{28}, \frac{16}{28}, \frac{10}{28}$

② $\frac{27}{36}, \frac{21}{36}, \frac{10}{36}$ ③ $\frac{9}{36}, \frac{8}{36}, \frac{15}{36}$

④ $\frac{35}{42}, \frac{26}{42}, \frac{24}{42}$ ⑤ $\frac{45}{54}, \frac{21}{54}, \frac{8}{54}$

⑥ $\frac{15}{24}, \frac{14}{24}, \frac{23}{24}$ ⑦ $\frac{16}{24}, \frac{6}{24}, \frac{21}{24}$

⑧ $\frac{9}{42}, \frac{12}{42}, \frac{26}{42}$ ⑨ $\frac{30}{40}, \frac{28}{40}, \frac{25}{40}$

⑩ $\frac{8}{48}, \frac{15}{48}, \frac{26}{48}$ ⑪ $\frac{70}{80}, \frac{35}{80}, \frac{68}{80}$

⑫ $\frac{25}{40}, \frac{30}{40}, \frac{38}{40}$ ⑬ $\frac{18}{36}, \frac{27}{36}, \frac{20}{36}$

⑭ $\frac{10}{40}, \frac{15}{40}, \frac{28}{40}$ ⑮ $\frac{9}{24}, \frac{20}{24}, \frac{16}{24}$

⑯ $\frac{3}{60}, \frac{25}{60}, \frac{10}{60}$ ⑰ $\frac{32}{40}, \frac{36}{40}, \frac{35}{40}$

⑱ $\frac{16}{40}, \frac{15}{40}, \frac{18}{40}$ ⑲ $\frac{21}{36}, \frac{26}{36}, \frac{4}{36}$

⑳ $\frac{70}{90}, \frac{66}{90}, \frac{65}{90}$ ㉑ $\frac{84}{96}, \frac{20}{96}, \frac{57}{96}$

㉒ $\frac{135}{180}, \frac{50}{180}, \frac{48}{180}$ ㉓ $\frac{80}{300}, \frac{24}{300}, \frac{45}{300}$

수의 성질

8, 12, 16의 최소공배수 구하기

두 수씩 차례로 구하기

방법1 8과 12의 최소공배수 ➡ 24

24와 16의 최소공배수 ➡ **48**

방법2 세 수로 한꺼번에 구하기

```
2 ) 8 12 16
2 ) 4  6  8
2 ) 2  3  4
    1  3  2  ➡ 2×2×2×1×3×2=48
```

두 수만 나누어질 경우
나머지 한 수는 그대로 내려 씁니다.

05 분수를 통분하여 비교하기 120~121쪽

① $\frac{2}{7}, \frac{3}{8}$

② $\frac{5}{9}, \frac{7}{10}$

③ $\frac{3}{7}, \frac{4}{9}$

④ $\frac{3}{5}, \frac{13}{20}$

⑤ $\frac{7}{12}, \frac{5}{8}$

⑥ $\frac{11}{25}, \frac{7}{15}$

⑦ $\frac{5}{12}, \frac{4}{9}$

⑧ $\frac{8}{15}, \frac{13}{20}$

⑨ $1\frac{1}{2}, 1\frac{3}{5}$

⑩ $1\frac{2}{7}, 1\frac{1}{3}$

⑪ $3\frac{4}{5}, 3\frac{5}{6}$

⑫ $2\frac{2}{3}, 2\frac{5}{7}$

⑬ $2\frac{5}{7}, 2\frac{3}{4}$

⑭ $3\frac{5}{8}, 3\frac{7}{10}$

⑮ $\frac{4}{9}, \frac{7}{12}, \frac{5}{6}$

⑯ $\frac{4}{5}, \frac{7}{8}, \frac{9}{10}$

⑰ $\frac{5}{6}, \frac{11}{12}, \frac{17}{18}$

⑱ $\frac{3}{10}, \frac{2}{5}, \frac{3}{7}$

⑲ $\frac{1}{6}, \frac{5}{12}, \frac{4}{9}$

⑳ $\frac{27}{56}, \frac{4}{7}, \frac{5}{8}$

㉑ $\frac{8}{15}, \frac{17}{30}, \frac{7}{10}$

㉒ $\frac{3}{4}, \frac{5}{6}, \frac{7}{8}$

㉓ $\frac{3}{8}, \frac{7}{12}, \frac{11}{16}$

㉔ $\frac{4}{9}, \frac{5}{8}, \frac{3}{4}$

㉕ $1\frac{1}{6}, 1\frac{1}{4}, 1\frac{2}{7}$

㉖ $2\frac{5}{9}, 2\frac{5}{8}, 2\frac{2}{3}$

06 통분하여 수직선에 나타내기 122~123쪽

①
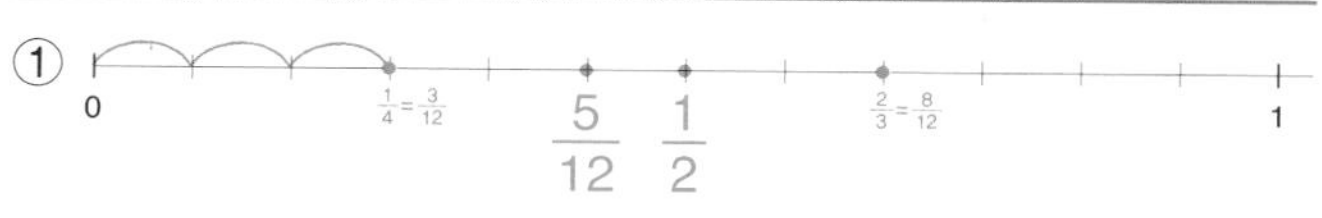

/ $\frac{8}{12}, \frac{3}{12}$ / $\frac{6}{12}, \frac{5}{12}$

②
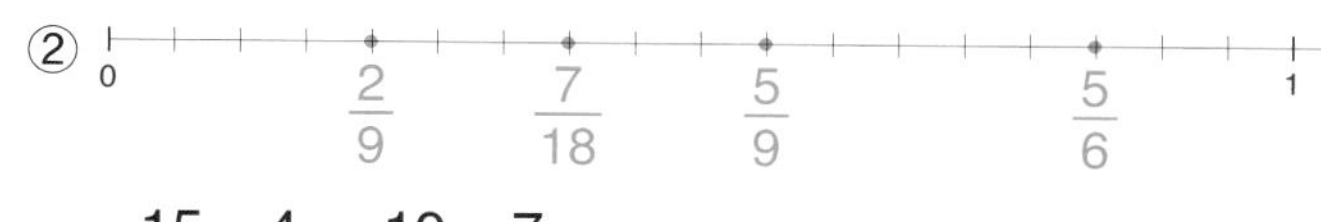

/ $\frac{15}{18}, \frac{4}{18}$ / $\frac{10}{18}, \frac{7}{18}$

③
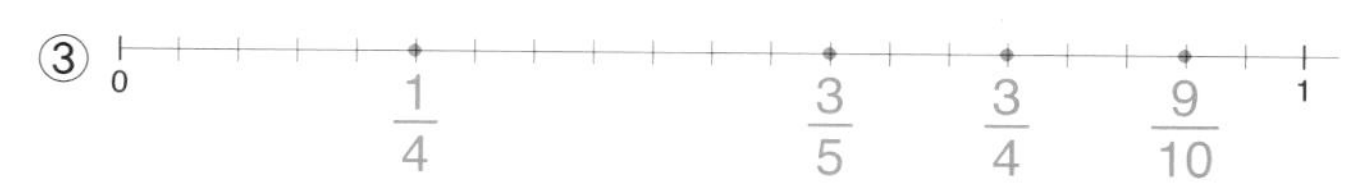

/ $\frac{5}{20}, \frac{12}{20}$ / $\frac{15}{20}, \frac{18}{20}$

④

/ $\frac{6}{15}, \frac{10}{15}$ / $\frac{11}{15}, \frac{12}{15}$

⑤
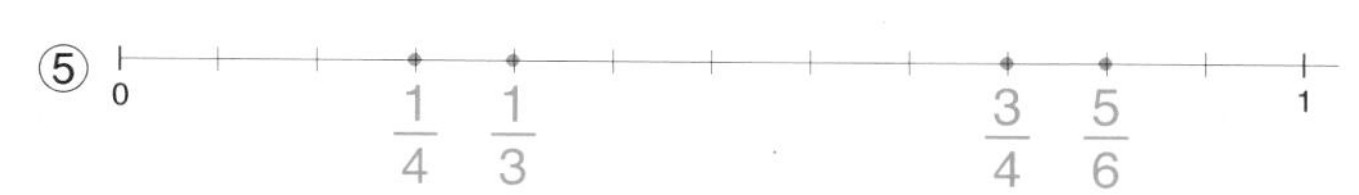

/ $\frac{4}{12}, \frac{3}{12}$ / $\frac{9}{12}, \frac{10}{12}$

⑥
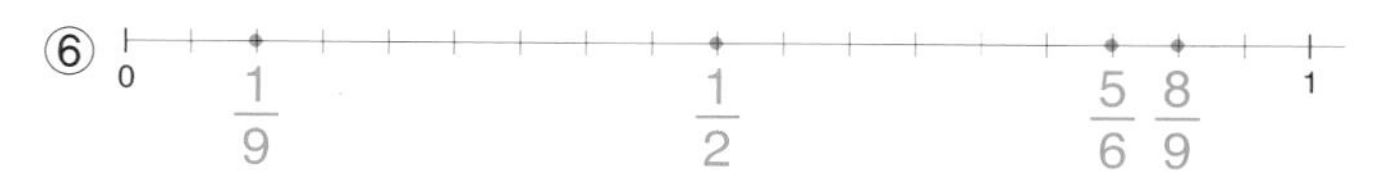

/ $\frac{2}{18}, \frac{15}{18}$ / $\frac{9}{18}, \frac{16}{18}$

⑦

/ $\frac{12}{20}, \frac{7}{20}$ / $\frac{4}{20}, \frac{15}{20}$

⑧
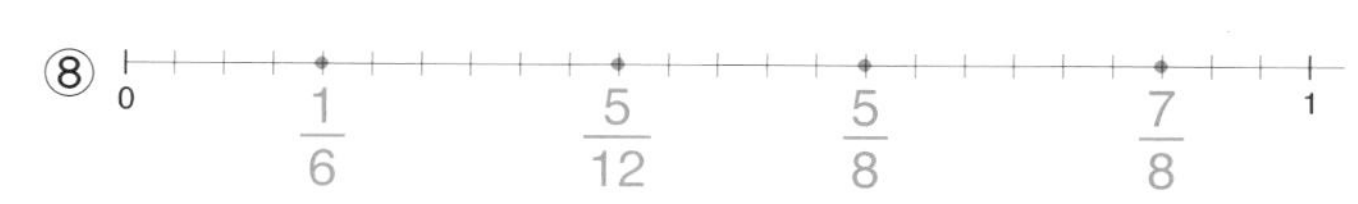

/ $\frac{4}{24}, \frac{15}{24}$ / $\frac{21}{24}, \frac{10}{24}$

10 분모가 다른 진분수의 덧셈

분모가 다른 분수의 덧셈을 할 때 통분을 해야 하는 이유는 각 분수가 나타내는 양의 '기준'이 다르기 때문입니다.

$\frac{3}{4}$은 전체를 4로 나눈 것 중의 3이고, $\frac{3}{5}$은 전체를 5로 나눈 것 중의 3이기 때문에 3을 보는 기준이 다릅니다. (이때 전체를 1로 생각합니다.)
즉, 하나의 기준으로 볼 수 있도록 만들어야 더할 수 있는 것이에요.
학생들이 통분하는 이유, 1보다 작은 양의 덧셈 과정을 이해하여 기계적으로 계산하지 않도록 해 주세요.

01 그림에 선을 그어 덧셈하기 126쪽

① 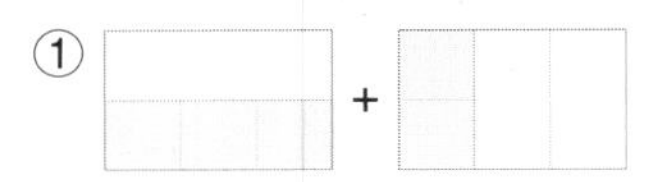

/ 3, 2, $\frac{5}{6}$

② 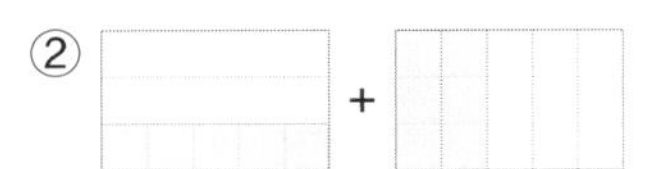

/ 5, 6, $\frac{11}{15}$

③ 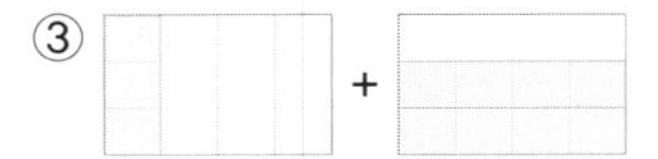

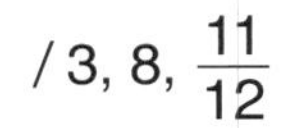
/ 3, 8, $\frac{11}{12}$

④ 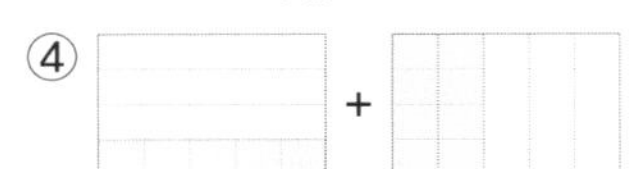

/ 5, 8, $\frac{13}{20}$

⑤ 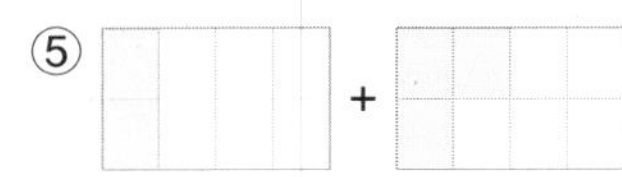

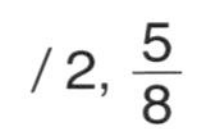
/ 2, $\frac{5}{8}$

⑥ 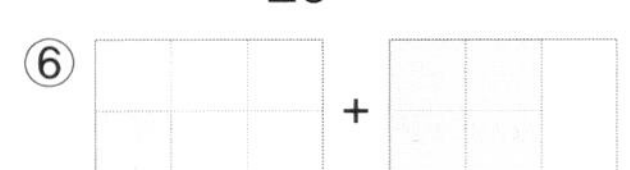

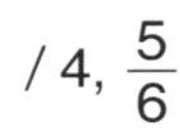
/ 4, $\frac{5}{6}$

⑦ 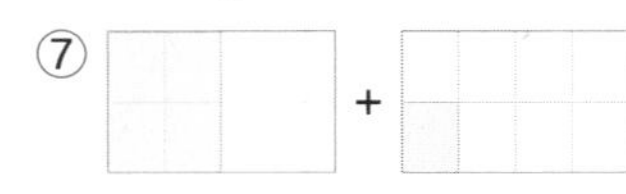

/ 4, $\frac{5}{8}$

⑧ 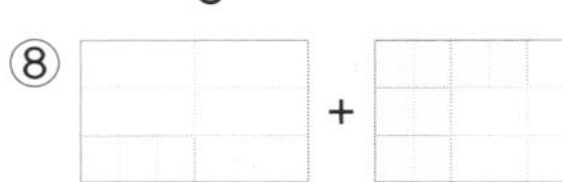

/ 3, 8, $\frac{11}{18}$

덧셈의 원리 ● 계산 방법 이해

02 진분수의 덧셈 127~128쪽

① $\frac{7}{18}$
② $\frac{19}{24}$
③ $\frac{32}{33}$
④ $\frac{22}{35}$
⑤ $\frac{19}{40}$
⑥ $\frac{33}{34}$
⑦ $\frac{33}{56}$
⑧ $\frac{9}{10}$
⑨ $\frac{41}{45}$
⑩ $\frac{7}{15}$
⑪ $\frac{43}{44}$
⑫ $\frac{11}{18}$
⑬ $\frac{13}{24}$
⑭ $\frac{49}{60}$
⑮ $\frac{5}{6}$
⑯ $\frac{29}{30}$
⑰ $1\frac{1}{12}$
⑱ $1\frac{1}{15}$
⑲ $1\frac{1}{36}$
⑳ $1\frac{3}{20}$
㉑ $1\frac{1}{8}$
㉒ $1\frac{2}{15}$
㉓ $1\frac{1}{12}$
㉔ $1\frac{13}{55}$
㉕ $1\frac{1}{10}$
㉖ $1\frac{3}{16}$
㉗ $1\frac{29}{72}$
㉘ $1\frac{19}{60}$
㉙ $1\frac{7}{15}$
㉚ $1\frac{1}{42}$
㉛ $1\frac{3}{10}$
㉜ $1\frac{1}{26}$

덧셈의 원리 ● 계산 방법 이해

03 단위분수끼리의 덧셈 129~130쪽

① $\frac{5}{6}$ ② $\frac{7}{12}$ ③ $\frac{13}{36}$

④ $\frac{11}{30}$ ⑤ $\frac{11}{28}$ ⑥ $\frac{7}{10}$

⑦ $\frac{9}{20}$ ⑧ $\frac{11}{24}$ ⑨ $\frac{11}{18}$

⑩ $\frac{8}{15}$ ⑪ $\frac{15}{56}$ ⑫ $\frac{17}{72}$

⑬ $\frac{13}{30}$ ⑭ $\frac{13}{22}$ ⑮ $\frac{13}{42}$

⑯ $\frac{12}{35}$ ⑰ $\frac{14}{45}$ ⑱ $\frac{10}{21}$

⑲ $\frac{15}{44}$ ⑳ $\frac{13}{40}$ ㉑ $\frac{16}{63}$

㉒ $\frac{2}{3}$ ㉓ $\frac{3}{4}$ ㉔ $\frac{5}{12}$

㉕ $\frac{4}{7}$ ㉖ $\frac{5}{8}$ ㉗ $\frac{4}{9}$

㉘ $\frac{3}{5}$ ㉙ $\frac{3}{10}$ ㉚ $\frac{5}{18}$

㉛ $\frac{1}{2}$ ㉜ $\frac{1}{6}$ ㉝ $\frac{7}{24}$

㉞ $\frac{7}{12}$ ㉟ $\frac{9}{40}$ ㊱ $\frac{1}{3}$

㊲ $\frac{4}{15}$ ㊳ $\frac{5}{24}$

㊴ $\frac{5}{12}$ ㊵ $\frac{11}{60}$

덧셈의 원리 ● 계산 방법 이해

04 정해진 수 더하기 131~132쪽

① $\frac{3}{5}$, $\frac{7}{10}$, $\frac{47}{55}$

② $1\frac{1}{2}$, $1\frac{5}{8}$, $\frac{35}{36}$

③ $\frac{2}{3}$, $1\frac{1}{6}$, $\frac{13}{30}$

④ 1, $\frac{5}{9}$, $\frac{25}{42}$

⑤ $\frac{6}{7}$, $\frac{11}{28}$, $1\frac{17}{84}$

⑥ 1, $1\frac{1}{10}$, $\frac{37}{40}$

⑦ 1, $\frac{3}{4}$, $\frac{13}{14}$

⑧ $\frac{2}{3}$, $\frac{13}{18}$, $1\frac{13}{90}$

⑨ $\frac{3}{5}$, $\frac{13}{20}$, $\frac{77}{90}$

⑩ $\frac{1}{2}$, $\frac{7}{8}$, $1\frac{13}{60}$

덧셈의 원리 ● 계산 방법 이해

05 단위분수끼리의 합 비교하기 133쪽

① $\frac{1}{10}+\frac{1}{2}$에 ○표

② $\frac{1}{2}+\frac{1}{8}$에 ○표

③ $\frac{1}{11}+\frac{1}{4}$에 ○표

④ $\frac{1}{18}+\frac{1}{2}$에 ○표

⑤ $\frac{1}{9}+\frac{1}{2}$에 ○표

⑥ $\frac{1}{4}+\frac{1}{14}$에 ○표

덧셈의 원리 ● 계산 방법 이해

06 음표와 쉼표의 길이 계산하기 134쪽

① $\frac{3}{8}$ ② $\frac{3}{4}$

③ $\frac{5}{8}$ ④ $\frac{3}{16}$

⑤ $\frac{9}{16}$ ⑥ $\frac{3}{8}$

⑦ $\frac{5}{8}$ ⑧ $\frac{5}{16}$

⑨ $\frac{3}{4}$ ⑩ $\frac{3}{8}$

덧셈의 활용 ● 덧셈의 추상화

음표

음표는 음의 높이와 길이를 나타내기 위해 사용하는 표시입니다. 음표는 머리, 기둥, 꼬리, 점의 4가지 (기둥, 꼬리, 머리, 점) 로 이루어져 있습니다.
이 4가지 요소에 변화를 주면서 음의 길이를 다르게 표현합니다.

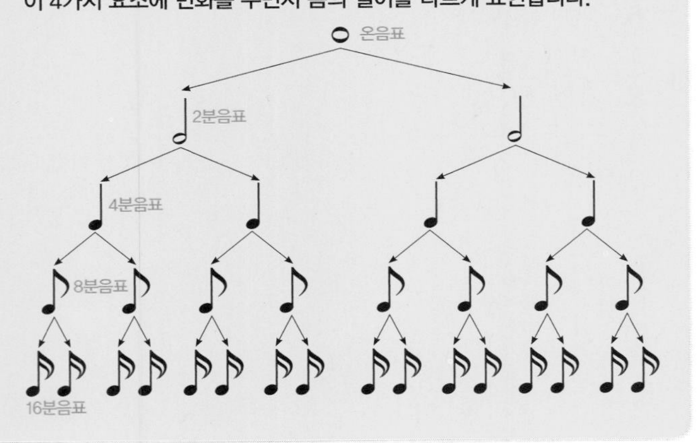

07 분수의 합을 대분수로 나타내기 135쪽

① $1\frac{3}{5}$ ② $1\frac{1}{6}$

③ $1\frac{1}{3}$ ④ $2\frac{1}{4}$

⑤ $1\frac{2}{5}$ ⑥ $1\frac{2}{9}$

⑦ $2\frac{1}{3}$ ⑧ $1\frac{1}{7}$

⑨ $1\frac{1}{8}$ ⑩ 2

덧셈의 감각 ● 수의 조작

08 모빌 완성하기 136쪽

① $\frac{3}{4}$ ② $\frac{7}{8}$

③ $1\frac{1}{10}$ ④ $\frac{5}{6}$

⑤ (왼쪽부터) $1\frac{2}{3}$ / $\frac{5}{6}$ ⑥ (왼쪽부터) $\frac{7}{9}$ / $1\frac{5}{9}$

⑦ (왼쪽부터) $1\frac{1}{10}$ / $2\frac{1}{5}$ ⑧ (왼쪽부터) $1\frac{1}{18}$ / $\frac{19}{36}$

덧셈의 감각 ● 수의 조작

09 1이 되는 덧셈하기 137쪽

① 6, 2 ② 2, 1

③ 4, 2 ④ 6, 3

⑤ 6, 3 ⑥ 4, 1

⑦ 6, 3 ⑧ 12, 4

덧셈의 감각 ● 수의 조작

11 분모가 다른 진분수의 뺄셈

덧셈과 마찬가지로 분수가 나타내는 양의 '기준'을 같게 하여 뺍니다. 분수의 계산이지만 차를 구할 때는 큰 수에서 작은 수를 뺀다는 것, 같은 수끼리 빼면 0이 된다는 것 등 뺄셈 자체가 갖고 있는 성질은 자연수에서와 같다는 점을 다시 한 번 짚어 주세요.

01 그림에 선을 그어 뺄셈하기 140쪽

① 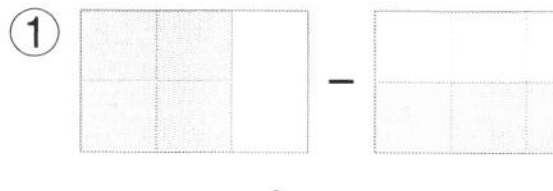 / 4, 3, $\frac{1}{6}$

②  / 4, 3, $\frac{1}{12}$

③ 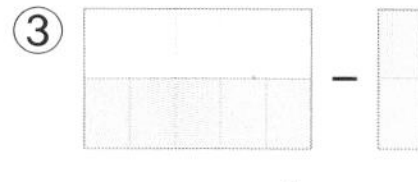 / 5, 4, $\frac{1}{10}$

④ 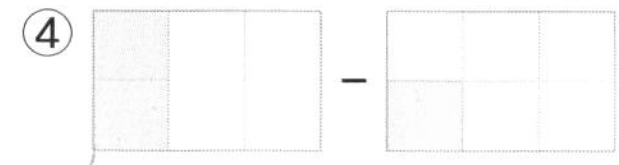 / 2, $\frac{1}{6}$

⑤ 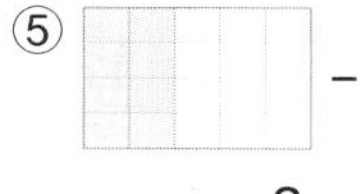 / 8, 5, $\frac{3}{20}$

⑥ 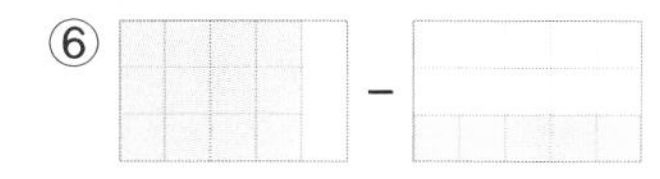 / 12, 5, $\frac{7}{15}$

⑦ 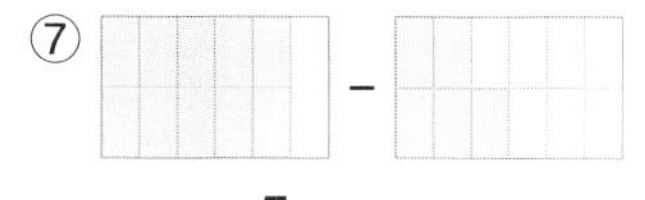 / 10, $\frac{5}{12}$

⑧ / 15, 4, $\frac{11}{18}$

뺄셈의 원리 ● 계산 방법 이해

02 진분수의 뺄셈 141~142쪽

① $\frac{1}{8}$ ② $\frac{1}{12}$
③ $\frac{4}{9}$ ④ $\frac{1}{20}$
⑤ $\frac{1}{12}$ ⑥ $\frac{3}{10}$
⑦ $\frac{3}{20}$ ⑧ $\frac{1}{5}$
⑨ $\frac{17}{24}$ ⑩ $\frac{5}{24}$
⑪ $\frac{1}{12}$ ⑫ $\frac{3}{10}$
⑬ $\frac{1}{4}$ ⑭ $\frac{3}{14}$
⑮ $\frac{1}{8}$ ⑯ $\frac{11}{20}$
⑰ $\frac{1}{45}$ ⑱ $\frac{17}{40}$
⑲ $\frac{5}{8}$ ⑳ $\frac{1}{42}$
㉑ $\frac{17}{84}$ ㉒ $\frac{3}{22}$
㉓ $\frac{1}{4}$ ㉔ $\frac{11}{30}$
㉕ $\frac{23}{42}$ ㉖ $\frac{3}{10}$
㉗ $\frac{9}{80}$ ㉘ $\frac{19}{36}$
㉙ $\frac{11}{45}$ ㉚ $\frac{49}{60}$
㉛ $\frac{11}{42}$ ㉜ $\frac{7}{10}$

뺄셈의 원리 ● 계산 방법 이해

03 단위분수끼리의 뺄셈 143쪽

① $\frac{1}{6}$ ② $\frac{1}{12}$ ③ $\frac{3}{10}$

④ $\frac{1}{20}$ ⑤ $\frac{1}{42}$ ⑥ $\frac{1}{30}$

⑦ $\frac{7}{30}$ ⑧ $\frac{3}{40}$ ⑨ $\frac{5}{36}$

⑩ $\frac{1}{4}$ ⑪ $\frac{1}{18}$ ⑫ $\frac{3}{8}$

⑬ $\frac{1}{3}$ ⑭ $\frac{3}{20}$ ⑮ $\frac{2}{5}$

⑯ $\frac{1}{6}$ ⑰ $\frac{2}{9}$ ⑱ $\frac{1}{4}$

⑲ $\frac{1}{15}$ ⑳ $\frac{1}{40}$ ㉑ $\frac{2}{21}$

뺄셈의 원리 ● 계산 방법 이해

분자가 1인 분수의 덧셈과 뺄셈

- $\frac{1}{●}+\frac{1}{▲}=\frac{▲}{●\times▲}+\frac{●}{●\times▲}=\frac{▲+●}{●\times▲}$
- $\frac{1}{●}-\frac{1}{▲}=\frac{▲}{●\times▲}-\frac{●}{●\times▲}=\frac{▲-●}{●\times▲}$ (단, ▲ > ●)

04 정해진 수 빼기 144~145쪽

① $\frac{2}{5}$, $\frac{3}{10}$, $\frac{14}{65}$

② $\frac{1}{2}$, $\frac{3}{8}$, $\frac{19}{36}$

③ $\frac{1}{4}$, $\frac{1}{6}$, $\frac{41}{56}$

④ $\frac{1}{3}$, $\frac{1}{2}$, $\frac{13}{33}$

⑤ $\frac{3}{7}$, $\frac{1}{2}$, $\frac{93}{140}$

⑥ $\frac{1}{5}$, $\frac{1}{10}$, $\frac{7}{30}$

⑦ $\frac{2}{3}$, $\frac{1}{4}$, $\frac{19}{66}$

⑧ $\frac{3}{5}$, $\frac{1}{4}$, $\frac{7}{30}$

⑨ $\frac{1}{3}$, $\frac{1}{2}$, $\frac{26}{45}$

⑩ $\frac{1}{2}$, $\frac{9}{16}$, $\frac{7}{24}$

뺄셈의 원리 ● 계산 방법 이해

05 단위분수끼리의 차 비교하기 146쪽

① $\frac{1}{3}-\frac{1}{6}$에 ○표

② $\frac{1}{2}-\frac{1}{7}$에 ○표

③ $\frac{1}{2}-\frac{1}{9}$에 ○표

④ $\frac{1}{3}-\frac{1}{9}$에 ○표

⑤ $\frac{1}{2}-\frac{1}{4}$에 ○표

⑥ $\frac{1}{3}-\frac{1}{7}$에 ○표

뺄셈의 원리 ● 계산 방법 이해

06 뺄셈식으로 덧셈식 완성하기 147쪽

① $\frac{5}{12}$ / $\frac{5}{12}$　② $\frac{18}{35}$ / $\frac{18}{35}$

③ $\frac{1}{12}$ / $\frac{1}{12}$　④ $\frac{38}{63}$ / $\frac{38}{63}$

⑤ $\frac{1}{6}$ / $\frac{1}{6}$　⑥ $\frac{13}{40}$ / $\frac{13}{40}$

⑦ $\frac{1}{20}$ / $\frac{1}{20}$　⑧ $\frac{5}{36}$ / $\frac{5}{36}$

뺄셈의 원리 ● 계산 원리 이해

07 단위분수의 차로 나타내기 148쪽

① 2 / 2, $\frac{1}{2}$　② 3 / 3, $\frac{1}{3}$

③ 5 / 5, $\frac{1}{5}$　④ 7 / 7, $\frac{1}{7}$

⑤ 4 / 4, $\frac{1}{2}$　⑥ 6 / 6, $\frac{1}{2}$

⑦ 5 / 5, $\frac{1}{3}$　⑧ 8 / 8, $\frac{1}{2}$

뺄셈의 감각 ● 수의 조작

08 0이 되는 뺄셈하기 149쪽

① 14, 2　② 14, 7

③ 15, 5　④ 24, 3

⑤ 10, 5　⑥ 8, 2

⑦ 12, 6　⑧ 14, 7

뺄셈의 감각 ● 수의 조작

12 분모가 다른 대분수의 덧셈

대분수의 덧셈에서는 (자연수+분수)로 이루어진 대분수 자체에 대한 이해가 중요합니다.
대분수를 잘 알아야 자연수끼리, 분수끼리 더하는 과정도 쉽게 이해할 수 있고, 자연수로의 받아올림도 능숙하게 할 수 있기 때문입니다.
대분수의 덧셈을 어려워한다면 4B의 '분모가 같은 대분수의 덧셈'을 다시 한 번 지도해 주세요.

01 단계에 따라 덧셈하기 152쪽

① $\frac{23}{28}$, $5\frac{23}{28}$　② $\frac{19}{20}$, $2\frac{19}{20}$

③ $\frac{11}{18}$, $3\frac{11}{18}$　④ $\frac{5}{8}$, $6\frac{5}{8}$

⑤ $\frac{19}{24}$, $2\frac{19}{24}$　⑥ $\frac{29}{30}$, $5\frac{29}{30}$

⑦ $\frac{13}{14}$, $3\frac{13}{14}$　⑧ $\frac{14}{15}$, $4\frac{14}{15}$

⑨ $\frac{3}{4}$, $7\frac{3}{4}$　⑩ $\frac{43}{45}$, $6\frac{43}{45}$

덧셈의 원리 ● 계산 방법 이해

02 대분수의 덧셈 153~154쪽

① $2\frac{11}{12}$ ② $2\frac{19}{24}$

③ $4\frac{35}{36}$ ④ $6\frac{39}{56}$

⑤ $8\frac{5}{6}$ ⑥ $4\frac{7}{10}$

⑦ $6\frac{13}{15}$ ⑧ $4\frac{17}{20}$

⑨ $9\frac{11}{12}$ ⑩ $7\frac{23}{24}$

⑪ $5\frac{9}{14}$ ⑫ $5\frac{31}{33}$

⑬ $5\frac{29}{45}$ ⑭ $5\frac{3}{4}$

⑮ $9\frac{13}{20}$ ⑯ $13\frac{11}{12}$

⑰ $5\frac{7}{24}$

⑱ $3\frac{1}{3}$ ⑲ $4\frac{1}{2}$

⑳ $3\frac{1}{30}$ ㉑ $6\frac{7}{45}$

㉒ $4\frac{1}{6}$ ㉓ $4\frac{1}{12}$

㉔ $3\frac{1}{12}$ ㉕ $4\frac{1}{20}$

㉖ $5\frac{11}{40}$ ㉗ $8\frac{5}{36}$

㉘ $6\frac{1}{72}$ ㉙ $4\frac{5}{14}$

㉚ $3\frac{13}{40}$ ㉛ $6\frac{1}{12}$

덧셈의 원리 ● 계산 방법 이해

03 정해진 수 더하기 155~156쪽

① 3, $1\frac{3}{4}$, $3\frac{7}{10}$

② $2\frac{3}{5}$, $2\frac{1}{10}$, $1\frac{59}{60}$

③ 2, $3\frac{5}{12}$, $3\frac{71}{78}$

④ $2\frac{1}{2}$, $3\frac{15}{16}$, $3\frac{7}{52}$

⑤ 5, $4\frac{1}{2}$, $6\frac{11}{30}$

⑥ $6\frac{1}{7}$, $3\frac{11}{14}$, $5\frac{5}{28}$

⑦ 7, $6\frac{3}{16}$, $7\frac{1}{40}$

⑧ $4\frac{5}{6}$, $6\frac{5}{8}$, $4\frac{59}{84}$

덧셈의 원리 ● 계산 방법 이해

04 어림하여 크기 비교하기 157쪽

① $1\frac{4}{7}+2\frac{3}{5}$, $1\frac{6}{7}+2\frac{2}{5}$, $3\frac{5}{7}+\frac{4}{5}$에 ○표

② $1\frac{5}{6}+\frac{3}{5}$, $\frac{5}{6}+1\frac{2}{5}$에 ○표

③ $2\frac{3}{4}+\frac{3}{8}$, $\frac{1}{4}+2\frac{7}{8}$에 ○표

④ $1\frac{1}{3}+1\frac{3}{4}$, $\frac{2}{3}+2\frac{3}{4}$에 ○표

⑤ $3\frac{5}{6}+\frac{4}{5}$, $2\frac{5}{6}+1\frac{1}{5}$에 ○표

⑥ $\frac{8}{9}+1\frac{11}{13}$에 ○표

덧셈의 감각 ● 수의 조작

어림하기

계산을 하기 전에 가능한 답의 범위를 생각해 보는 것은 계산 원리를 이해하는 데 도움이 될 뿐만 아니라 연산 감각을 길러 줍니다. 따라서 정확한 값을 내는 훈련만 반복하는 것이 아니라 연산의 감각을 개발하여 보다 합리적으로 문제를 해결할 수 있는 능력을 길러 주세요.

05 내가 만드는 덧셈식 158쪽

① 예 $1\frac{4}{5}$, $5\frac{1}{2}$ / 예 $2\frac{3}{4}$, $5\frac{7}{8}$

② 예 $1\frac{5}{6}$, $5\frac{1}{3}$ / 예 $\frac{3}{4}$, $2\frac{1}{8}$

③ 예 $1\frac{5}{8}$, $6\frac{3}{8}$ / 예 $1\frac{11}{12}$, $4\frac{1}{4}$

④ 예 $1\frac{1}{2}$, $3\frac{1}{5}$ / 예 $2\frac{5}{6}$, $5\frac{1}{6}$

⑤ 예 $\frac{7}{10}$, $1\frac{9}{10}$ / 예 $2\frac{2}{3}$, $5\frac{2}{15}$

⑥ 예 $2\frac{5}{24}$, $3\frac{5}{8}$ / 예 $1\frac{8}{15}$, $4\frac{1}{3}$

덧셈의 감각 ● 덧셈의 다양성

06 화살표를 따라 덧셈하기 159쪽

① $3\frac{7}{30}$, $4\frac{19}{30}$, $5\frac{11}{15}$, 8

② $2\frac{1}{2}$, $4\frac{11}{16}$, $5\frac{15}{16}$, 8

③ $2\frac{1}{2}$, $3\frac{3}{4}$, $5\frac{15}{16}$, 7

④ $2\frac{11}{20}$, $3\frac{3}{4}$, $4\frac{9}{10}$, 6

⑤ $4\frac{1}{3}$, $5\frac{2}{3}$, $7\frac{7}{8}$, 10

⑥ $2\frac{13}{36}$, $3\frac{19}{36}$, $4\frac{17}{18}$, 6

덧셈의 원리 ● 계산 원리 이해

07 시간의 덧셈 160쪽

① 1시간 50분
② 1시간 55분
③ 2시간 15분
④ 2시간 20분
⑤ 4시간 5분
⑥ 3시간 50분
⑦ 2시간 45분
⑧ 5시간 20분
⑨ 5시간 28분

덧셈의 활용 ● 덧셈의 적용

08 결과를 수직선에 나타내기 161쪽

① 가 $1\frac{1}{2}$ 나 $1\frac{3}{4}$

다 $2\frac{1}{2}$ 라 $3\frac{1}{4}$

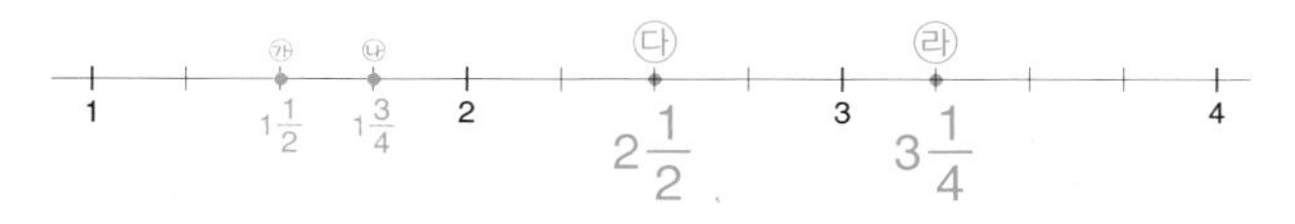

② 마 $1\frac{2}{3}$ 바 $2\frac{5}{6}$

사 $2\frac{1}{2}$ 아 $3\frac{1}{3}$

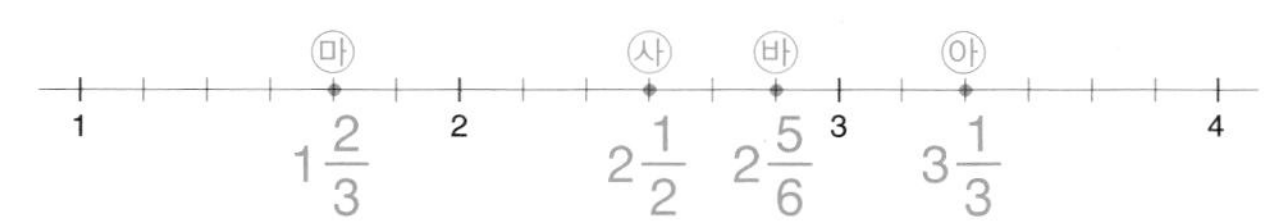

③ 자 $1\frac{1}{2}$ 차 $2\frac{3}{10}$

카 $2\frac{4}{5}$ 타 $3\frac{9}{10}$

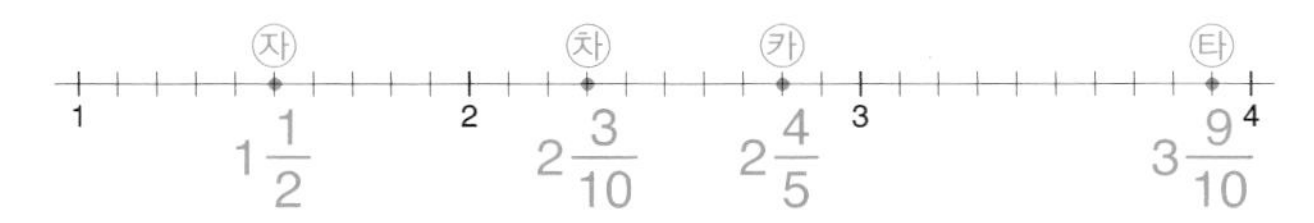

덧셈의 활용 ● 덧셈의 적용

13 분모가 다른 대분수의 뺄셈

대분수의 뺄셈 또한 대분수에 대해 충분히 알고 있어야 합니다.
특히, 통분하여 분모가 바뀔 경우 자연수에서 받아내리는 수가 달라질 수 있으므로 실수하지 않도록 주의합니다.
자연수에서의 받아내림을 어려워한다면 자연수를 분수로 바꿔 보는 연습을 충분히 시켜 주세요.

01 단계에 따라 뺄셈하기 164쪽

① $\frac{1}{6}$, $1\frac{1}{6}$
② $\frac{7}{12}$, $1\frac{7}{12}$
③ $\frac{5}{12}$, $\frac{5}{12}$
④ $\frac{2}{15}$, $3\frac{2}{15}$
⑤ $\frac{4}{15}$, $5\frac{4}{15}$
⑥ $\frac{1}{6}$, $1\frac{1}{6}$
⑦ $\frac{19}{36}$, $2\frac{19}{36}$
⑧ $\frac{3}{14}$, $2\frac{3}{14}$
⑨ $\frac{1}{10}$, $3\frac{1}{10}$
⑩ $\frac{1}{2}$, $1\frac{1}{2}$

뺄셈의 원리 ● 계산 방법 이해

02 대분수의 뺄셈 165~166쪽

① $2\frac{1}{10}$
② $2\frac{1}{12}$
③ $3\frac{19}{30}$
④ $1\frac{1}{2}$
⑤ $1\frac{7}{12}$
⑥ $3\frac{19}{40}$
⑦ $1\frac{8}{21}$
⑧ $3\frac{17}{36}$
⑨ $7\frac{9}{40}$
⑩ $2\frac{1}{10}$
⑪ $1\frac{3}{16}$
⑫ $4\frac{19}{45}$
⑬ $1\frac{1}{72}$
⑭ $3\frac{3}{14}$
⑮ $5\frac{13}{60}$
⑯ $3\frac{1}{12}$
⑰ $3\frac{8}{9}$
⑱ $1\frac{9}{20}$
⑲ $\frac{23}{24}$
⑳ $5\frac{5}{8}$
㉑ $1\frac{5}{6}$
㉒ $2\frac{19}{21}$
㉓ $1\frac{2}{3}$
㉔ $3\frac{39}{40}$
㉕ $\frac{13}{24}$
㉖ $1\frac{7}{12}$
㉗ $3\frac{29}{36}$
㉘ $\frac{47}{63}$
㉙ $1\frac{59}{65}$
㉚ $2\frac{23}{24}$
㉛ $5\frac{28}{33}$
㉜ $3\frac{29}{30}$

뺄셈의 원리 ● 계산 방법 이해

03 정해진 수 빼기 167쪽

① $2\frac{1}{3}$, $\frac{5}{6}$, $2\frac{10}{33}$

② $1\frac{4}{5}$, $2\frac{9}{10}$, $3\frac{59}{65}$

③ $1\frac{2}{3}$, $2\frac{5}{12}$, $3\frac{7}{30}$

④ $1\frac{1}{2}$, $1\frac{7}{8}$, $2\frac{29}{36}$

⑤ $1\frac{5}{6}$, $2\frac{23}{24}$, $4\frac{13}{60}$

뺄셈의 원리 ● 계산 방법 이해

04 어림하여 크기 비교하기 168쪽

① $6\frac{1}{8}-2\frac{3}{5}$에 ○표

② $2\frac{1}{9}-\frac{1}{7}$에 ○표

③ $3\frac{3}{7}-\frac{5}{6}$에 ○표

④ $3\frac{2}{9}-1\frac{2}{3}$, $2\frac{1}{9}-\frac{1}{3}$에 ○표

⑤ $1\frac{4}{7}-\frac{3}{4}$, $5\frac{3}{7}-4\frac{3}{4}$에 ○표

⑥ $4\frac{2}{3}-1\frac{3}{4}$, $5\frac{1}{3}-2\frac{3}{4}$에 ○표

뺄셈의 감각 ● 수의 조작

05 내가 만드는 뺄셈식 169쪽

① 예 $1\frac{1}{2}$, $\frac{1}{3}$ / 예 $\frac{3}{10}$, $3\frac{3}{10}$

② 예 $1\frac{5}{9}$, $7\frac{1}{9}$ / 예 $2\frac{3}{4}$, $2\frac{9}{16}$

③ 예 $1\frac{1}{2}$, $3\frac{13}{20}$ / 예 $2\frac{4}{7}$, $4\frac{1}{14}$

④ 예 $1\frac{1}{15}$, $3\frac{8}{15}$ / 예 $2\frac{5}{18}$, $4\frac{1}{2}$

⑤ 예 $2\frac{5}{8}$, $5\frac{1}{8}$ / 예 $3\frac{3}{5}$, $2\frac{14}{15}$

⑥ 예 $5\frac{2}{9}$, $2\frac{11}{27}$ / 예 $1\frac{2}{3}$, $8\frac{1}{2}$

뺄셈의 감각 ● 뺄셈의 다양성

06 화살표를 따라 뺄셈하기 170쪽

① $3\frac{1}{2}$, $2\frac{1}{3}$, $1\frac{1}{6}$, 0

② $1\frac{3}{4}$, $1\frac{1}{6}$, $\frac{7}{12}$, 0

③ $1\frac{1}{4}$, $\frac{5}{6}$, $\frac{5}{12}$, 0

④ $1\frac{7}{8}$, $1\frac{1}{4}$, $\frac{5}{8}$, 0

⑤ $6\frac{5}{6}$, $4\frac{5}{9}$, $2\frac{5}{18}$, 0

⑥ $3\frac{3}{10}$, $2\frac{1}{5}$, $1\frac{1}{10}$, 0

뺄셈의 원리 ● 계산 원리 이해

07 시간의 뺄셈 171쪽

① 1시간 10분 ② 1시간 5분
③ 2시간 35분 ④ 3시간 30분
⑤ 2시간 20분 ⑥ 15분
⑦ 1시간 25분 ⑧ 1시간 35분
⑨ 2시간 50분 ⑩ 1시간 48분

뺄셈의 활용 ● 뺄셈의 적용

08 모양이 나타내는 수 구하기 172쪽

① $\frac{13}{20}$

② $7\frac{1}{10}$

③ $2\frac{11}{18}$

④ $1\frac{7}{12}$

⑤ $1\frac{31}{36}$

⑥ $4\frac{63}{80}$

뺄셈의 활용 ● 뺄셈의 추상화

수의 추상화

초등 학습과 중등 학습의 가장 큰 차이는 '추상화'입니다.
초등에서는 개념 설명을 할 때 어떤 수로 예를 들어 설명하지만 중등에서는 $a+b=c$와 같이 문자를 사용합니다.
문자는 수를 대신하는 것일 뿐 그 이상의 어려운 개념은 아닌데도 학생들에게는 초등과 중등의 큰 격차로 느껴지게 되지요.
디딤돌 연산에서는 '수를 대신하는 문자'를 통해 추상화된 계산식을 미리 접해 봅니다.

09 결과를 수직선에 나타내기 173쪽

① 가 $3\frac{1}{6}$ 나 $1\frac{1}{3}$

다 $2\frac{1}{2}$ 라 $2\frac{5}{6}$

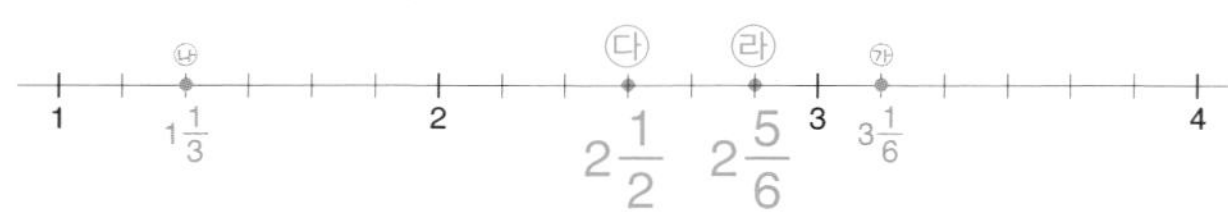

② 마 $2\frac{2}{9}$ 바 $3\frac{8}{9}$

사 $2\frac{2}{3}$ 아 $1\frac{1}{3}$

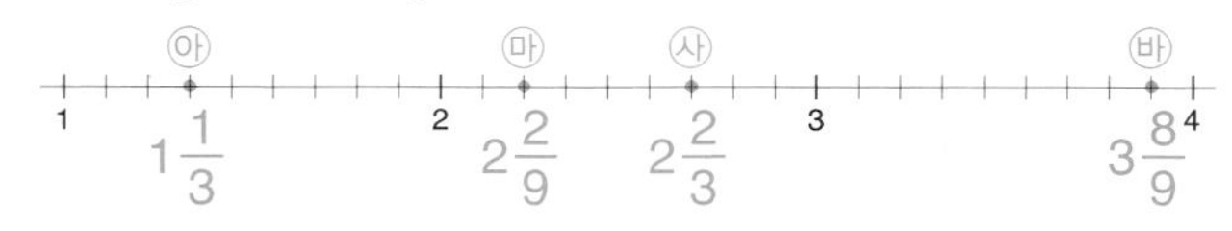

③ 자 $1\frac{1}{2}$ 차 $1\frac{7}{10}$

카 $3\frac{1}{5}$ 타 $2\frac{4}{5}$

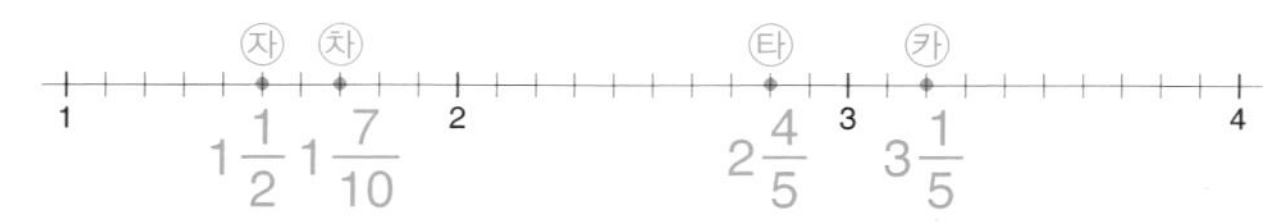

뺄셈의 활용 ● 뺄셈의 적용

10 이어서 계산하기 174~175쪽

① $1\frac{1}{10}$ / $1\frac{1}{10}$, $1\frac{2}{5}$

② $\frac{2}{3}$ / $\frac{2}{3}$, $1\frac{1}{12}$

③ $1\frac{1}{2}$ / $1\frac{1}{2}$, $\frac{7}{12}$

④ $1\frac{1}{2}$ / $1\frac{1}{2}$, $1\frac{1}{3}$

⑤ $\frac{2}{9}$ / $\frac{2}{9}$, $\frac{4}{9}$

⑥ $\frac{8}{15}$ / $\frac{8}{15}$, $\frac{4}{15}$

⑦ $\frac{5}{9}$ / $\frac{5}{9}$, $\frac{13}{18}$

⑧ $\frac{1}{8}$ / $\frac{1}{8}$, $\frac{37}{40}$

⑨ $\frac{1}{4}$ / $\frac{1}{4}$, $\frac{1}{12}$

⑩ $\frac{5}{12}$ / $\frac{5}{12}$, $\frac{7}{24}$

⑪ $\frac{3}{4}$ / $\frac{3}{4}$, $1\frac{1}{2}$

⑫ $\frac{7}{10}$ / $\frac{7}{10}$, $\frac{9}{20}$

덧셈과 뺄셈의 원리 ● 계산 방법 이해

11 한꺼번에 계산하기 176쪽

① 1

② $\frac{7}{10}$

③ $\frac{5}{24}$

④ $\frac{27}{40}$

⑤ $\frac{17}{45}$

⑥ $\frac{1}{36}$

⑦ $\frac{1}{10}$

⑧ $\frac{21}{40}$

⑨ $1\frac{1}{8}$

⑩ $\frac{5}{6}$

⑪ $1\frac{3}{44}$

⑫ $\frac{7}{45}$

⑬ $1\frac{19}{84}$

덧셈과 뺄셈의 원리 ● 계산 방법 이해

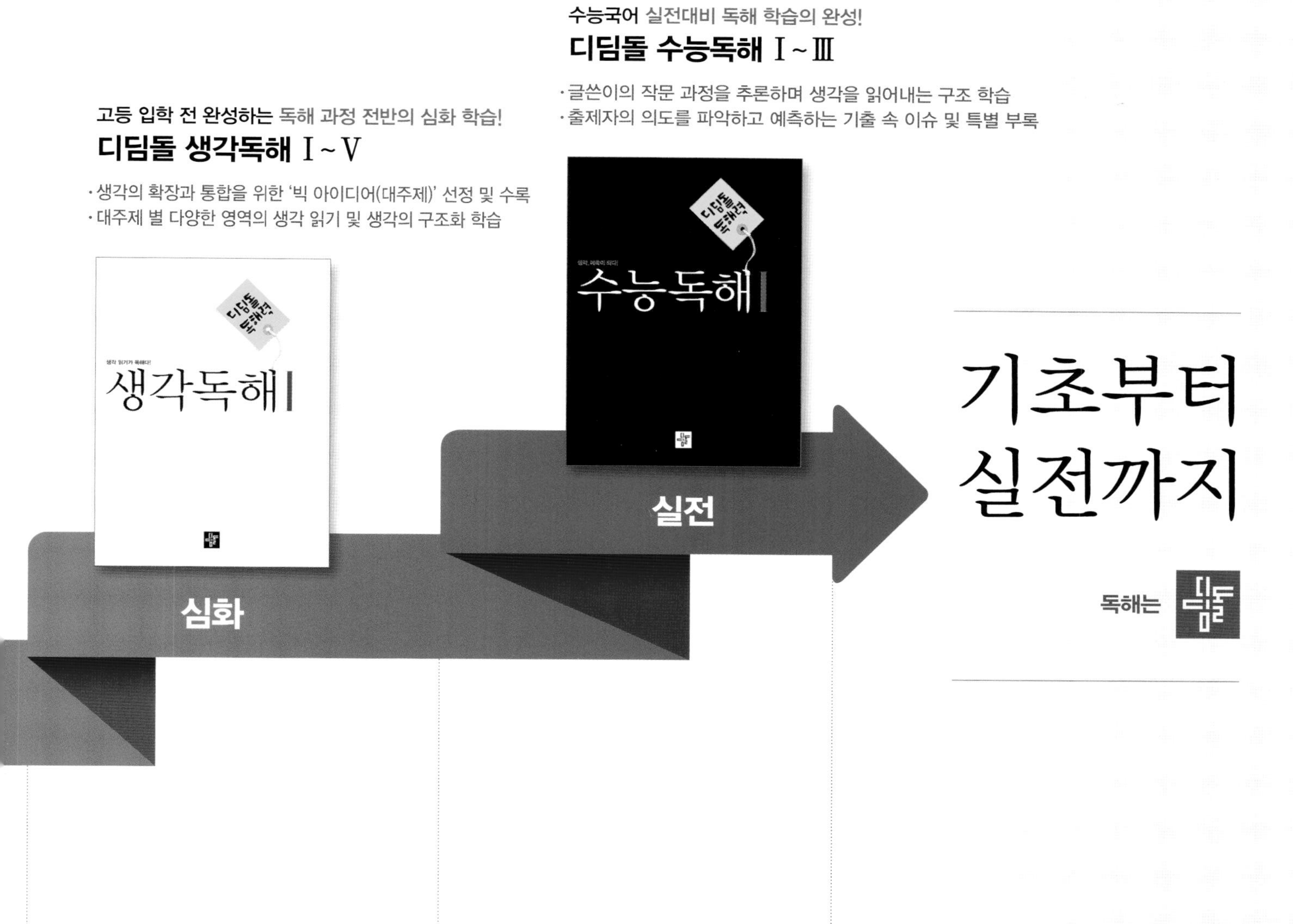
수능국어 실전대비 독해 학습의 완성!
디딤돌 수능독해 Ⅰ~Ⅲ
·글쓴이의 작문 과정을 추론하며 생각을 읽어내는 구조 학습
·출제자의 의도를 파악하고 예측하는 기출 속 이슈 및 특별 부록
고등 입학 전 완성하는 독해 과정 전반의 심화 학습!
디딤돌 생각독해 Ⅰ~Ⅴ
·생각의 확장과 통합을 위한 '빅 아이디어(대주제)' 선정 및 수록
·대주제 별 다양한 영역의 생각 읽기 및 생각의 구조화 학습
생각독해 Ⅰ
수능독해 Ⅰ
심화
실전
기초부터 실전까지
독해는 디딤돌

중등

고등(예비고~고2)

한걸음 한걸음 디딤돌을 걷다 보면
수학이 완성됩니다.

개념 다지기
원리, 기본

문제해결력 강화
문제유형, 응용

심화 완성
최상위 수학S, 최상위 수학

연산 개념 다지기
디딤돌 연산

디딤돌
연산
수학

개념+문제해결력 강화를 동시에
기본+유형, 기본+응용

상위권의 힘, 사고력 강화
최상위 사고력

최상위
사고력

개념 이해 > **개념 응용** > **개념 확장**

학습 능력과 목표에 따라
맞춤형이 가능한 디딤돌 초등 수학